RETROBUCH

3

Was ist ein DoldeMedien RETROBUCH?

Die Zeiten waren ganz anders – und doch wieder nicht. Die Reihe RETROBUCH erweckt Werke, die vor Jahrzehnten zum Thema Caravaning und Freizeit geschrieben wurden, zu neuem Leben: unterhaltende Lektüre, witzige Betrachtungen und historische Zeugnisse. So war die mobile Welt, als unsere Eltern auszogen, sich campend die Freiheit zu erschließen.

DoldeMedien
VERLAG GMBH

Drückfehler-Berichtigung

Seite
89, 90, 91 In Spalte 4 der Tabelle ist das Gewicht nicht in cwt (Zentnern) sondern in pound (engl. Pfund = 453,59 g) angegeben. Ferner verstehen sich die Maße in den Spalten 5 bis 10 nicht in feet, sondern in inch (engl. Zoll = 2,54 cm).

Seite 99 Die zwei letzten Sätze des Abschnittes § 42 gehören nicht zum Wortlaut dieses Paragraphen. Außerdem muß der erste dieser zwei Sätze richtig heißen: Ein Anhänger darf zusammen mit dem Zugwagen nicht länger als 22 Meter (statt 2,20 m), nicht breiter als 2,35 m und nicht höher als 4 m sein.

Seite 105 Die Bildunterschrift unter dem zweiten Bild muß richtiggestellt lauten: Zentralrohr mit Querträgern, einzeln gefederten Rädern an doppelten Querfedern aufgehängt, Gewicht ca. 160 bis 180 kg.

Impressum

Reprint der Originalausgabe von 1938
Hans Berger · Jachten der Landstraße

Herstellung: BOD Books on Demand GmbH, Norderstedt

Herausgegeben und durch einen Bericht über die Tochter des Autors ergänzt von Robert Hilgers

PRINTED IN GERMANY · ISBN 3-928803-30-1

Das Buch vom Wohn-Anhänger

Jachten der Landstraße

VON HANS BERGER

Mit freundlicher Genehmigung des
BERGVERLAG ROTHER
HAIDGRABEN 3
85521 OTTOBRUNN
WWW.ROTHER.DE

Vorwort

Allen Freunden des Wanderns mit dem Auto ist dies Buch gewidmet.

Mit dem selbstfahrenden Wagen wurde uns die weite Ferne leicht erreichbar, mit dem Wohnanhänger nun auch das Daheim geschenkt, wo wir auch gerade weilen mögen.

Es ist in den letzten Jahren viel flüchtige Sensationshascherei mit der Wohnwagenidee getrieben worden, es gilt jetzt einmal unklare Vorstellungen zu beseitigen und ein klares Erkennen der Wirklichkeit herbeizuführen, es gilt für die herrliche Idee des Wohnwagen-Wanderns zu werben.

Allen Mitarbeitern an diesem Werk, allen Pionieren des sportlichen Wohnwagens, voran meinen Freunden Dr. van der Sleen, der den Kern der Idee in mein Herz gesenkt hat, Heinrich Hauser, der die Saat zum Keimen brachte, Theo Rockenfeller, der das junge Pflänzchen mit mir großhegte und pflegte, wo er nur konnte, und nicht zuletzt den Frauen dieser Männer, die alle anfänglichen Wohnwagen-Reisebeschwernisse so tapfer mit ertrugen und mit Kind und Kegel durch die Lande zogen, der neuen Reiseart auch in Deutschland den Boden bereiteten, ihnen allen sei hiermit herzlichst gedankt.

Ebenso danke ich allen Firmen aus dem In- und Auslande, die mir Material überließen, allen Lichtbildnern, auch jenen die im Buche nicht namentlich genannt werden konnten, weil sie mir nicht bekannt waren und auch allen Lesern, die durch das weitere Aussäen der Wohnwagenidee zur weiteren Förderung beitragen.

Rotschwaige, im Jahre 1938.

Hans Berger

Inhalts-Verzeichnis

Wissenswertes über Wohnanhänger

Warum Wohnwagen?

Ja, warum wohl? Die Zigeuner haben es uns in einfachster Form vorgemacht. Wir alle kennen von gelegentlichen Begegnungen auf der Landstraße her die schwankenden, von einem Rößlein gemächlich gezogenen Planwägelchen. Wohl jeder hat dann schnell einmal versucht, einen Blick durch die Türe zu werfen, um zu erhaschen, wie es da drinnen wohl aussähe. Gestehen wir es uns nur ein, ein wenig gegruselt hat es uns dann allemal bei dem Gedanken an dieses armselige Leben im Vergleich mit unserem eigenen Wohlstand, und wenn dieser auch nur in Form eines möblierten Zimmers, dessen Miete noch nicht bezahlt war, bestand.
Armseliges Leben! haben wir gesagt. Das stimmt nicht ganz, nein, ganz und gar nicht, es ist zunächst ein ganz anderes Leben als das unserige, ein herumziehendes Leben im Gegensatz zu unserem ortsgebundenem Leben.
Reicheres Leben? Armseligeres Leben? Nein, so geht es nicht. Herumziehendes Leben, das trifft schon besser.
Seht, da kommt auf dem Kanal ein Schiff, ein Frachtkahn wird getreidelt, d. h. von Pferden, die am Ufer entlang gehen, gezogen. Langsam, langsam kommt er näher, schon viel zu langsam für eilige Menschen. 30, 40, 50 m ist das Schiff lang, es ragt nur ein wenig übers Wasser heraus, seine Ladung ist mit Brettern zugedeckt, es mögen vielleicht Kohlen darunter sein. Achtern ist ein Häuschen auf das Schiff gebaut, ein paar Fensterchen gucken zum Ufer hin, Wäsche flattert im Winde, eine junge Frau kommt gerade aus der Türe des Häuschens, einen Eimer, der an einer Leine baumelt, in der Hand. Sie läßt den Eimer ins Wasser fallen, ohne die Leine auszulassen, und schon hat sie mit einem gewohnheitsmäßigen Schwunge den gefüllten Eimer wieder in der Hand und zieht hinter sich die Türe zu. Wieder regt es sich in unserer Phantasie, wir denken ein wenig darüber nach, daß sich auch so ein Familienleben mit Vater, Mutter und Kindern, mit Arbeit, Ruhe und Spiel ableben läßt. Kommen wir dann einmal in so ein Schiffshäuschen, sind wir erstaunt, wie sauber und nett alles ist, die Messingknöpfe des Ofens blitzen geputzt mit der kardanisch an der Decke aufgehängten Lampe um die Wette. Wenn dann die Schiffersleut erzählen, woher und wohin sie ziehen, dann kommen Stätten unserer Sehnsucht zutage. Rhein, Straßburg, Rotterdam, Spree, Havel, Elbe, Hamburg. Da möchten wir alle mal gerne mitfahren, ach, was müßte so eine langsame Schlepperfahrt über Wochen hin durch die deutschen Lande unseren gehetzten Nerven gut tun. Ob wir es wohl wochenlang aushielten? Jedenfalls beneiden wir die Leute etwas darum, und gehen dann wieder unsere Wege.
Herumziehendes Leben. Seht doch, da kommt ein Zirkus, wahrhaftig ein Zirkus. Wieder gruselt es leise durchs Gemüt. Das muß aber ein großer Zirkus sein, er hat viele Wagen, die von Autos gezogen werden, darunter auch eine Reihe von Wohnwagen und in einen sehen wir hinein, in den Bürowagen. Bei Gott, da steht doch ein richtiggehender Schreibtisch drinnen und ein Geldschrank und Akten. Nein, was es doch nicht alles gibt in der Welt, ein herumziehender Schreibtisch und Geldschrank.

CAFE
MAX

Am Ufer des Mittelmeeres, sagen wir etwa vor Monte Carlo, sehen wir große weißgestrichene Jachten, teils unter Segel, teils unter Dampf oder Diesel. Sonderbar, daß es uns dabei nie gruselt, wie beim Anblick eines Zigeuner- oder Zirkuswagens, selbst wenn die Jacht noch so klein ist, ja gar keine Jacht, sondern höchstens ein winziges Kajütboot darstellt. Und wir stellen uns das Wohnen und Leben auf so einer Jacht als ganz wunderbar vor, was es im Vertrauen gesagt, wahrhaftig auch ist. Faaabelhaft — sagen „mondaine" Leute, und machen eine ach so furchtbar gelangweilte Miene dazu. Herumziehendes Leben ist's, weiter nichts.

Da sieh mal, dort drüben am Waldrande steht doch ein Auto mit „was hinten dran". In der Tat, es ist ein „Mercedes", ein ganz pfundiger sogar, und hat etwas ganz komisches dabei, einen?, richtig, einen Wohnwagen. Muß ein verrückter Kerl sein, was? Also jetzt sind wir glücklich bei dem Wohnwagen angelangt, den wir hier meinen. Bei dem modernen Auto-Wohnwagen, bei der Landjacht, dem zeitgemäßen Reisefahrzeug, das in USA. zu vielen Hunderttausenden, aber auch bereits in England, Frankreich zu Tausenden im Gebrauch und in Deutschland eben im Begriffe ist, seinen Siegeszug anzutreten; wozu ihm auch dies Buch helfen will, indem es einfach erzählt, wie derlei Wohnwagen aussehen und wie man damit reist und darinnen wohnt. Aber das Warum ist noch nicht beantwortet. Warum also Wohnwagen? Warum wohnen in einem Wagen? Wir können auch fragen, warum fahren, warum autofahren?

Wir fahren Auto, um unabhängig von Bahnhöfen und Fahrplänen und fremden Leuten zu sein. Wir fahren, um schnell oder langsam reisen zu können, wir fahren, um eben *selbst zu fahren*; wir wollen nicht gefahren werden.

Weil uns das Auto freier, unabhängiger macht, wollen wir auch abends nicht „gewohnt" werden, sondern wie es ganz natürlich ist, selber wohnen. Der moderne Mensch wird zuviel „ge . . ." (gefahren, gewohnt, geleitet) und er braucht geradezu das *Selbst*fahren und *Selbst*-wohnen zum Ausgleich der in ihm entstehenden Spannungen. Er will nicht ein Abteil zugewiesen erhalten, er will nicht alle Viertelstunde die Fahrscheine vorzeigen, er will eine Zigarre rauchen und nicht gleich angeschnauzt werden, weil er aus Versehen in ein Nichtraucherabteil geriet, er will sich nicht dem Rauch anderer Raucher aussetzen, fand aber im Nichtraucherabteil keinen Platz mehr frei, er will nicht von Trägern und Torhütern auf den Umfang seiner Brieftasche taxiert und dementsprechend empfangen und verabschiedet werden, er will nicht immer in fremder Leute Betten schlafen und auf die zufällige Güte deren Küchen angewiesen sein, er will *selber fahren und überall daheim sein*.

Daheim sein — das ist's! Daheim sein wollen wir in der eigenen Stube, und diese eigene Stube auf Räder gesetzt, gibt uns der Wohnwagen, der von uns selbst eingerichtete und ausgeschmückte eigene Wohnwagen.

Das Auto gibt uns die *Ferne*, der Wohnwagen das *Daheim*.

Mit Auto und Zelt fing es an — Lichtbild: Theo Rockenfeller

Welttreffen der Zeltwanderer Brüssel 1935 — Lichtbild: Hans Berger

Wohnarten

Es gibt, wie wir bereits gelesen haben, Wohnwagen, die mit Pferden gezogen werden, und solche, die ein Auto als Vorspann haben. Es gibt aber auch von Hand gezogene Wohnwägelchen, Fahrrad- und Motorradwohnungen, und dann unterscheidet man wieder ein-, zwei- und vierrädrige Wagen und solche, deren Aufbau mehr oder weniger ein Zelt darstellt, das im Fahrzustande meist gefaltet, also wenig Platz einnimmt, und das Fahrzeug klein macht. Andere wieder sind aus nicht textilen Bauteilen zerlegbar; schließlich gibt es die Voll-Wohnwagen, bei denen also der ganze Wagen, wie er ist, nachgezogen wird. Diese letzteren sind meist ganz aus Holz gebaut, vorwiegend aus Sperrholz oder Kunststoff-Platten, in USA. aber auch aus Metall. Wesentlich ist bei allen Wagen das Gewicht. Dieses muß so leicht wie möglich gehalten werden, um einmal die Reisegeschwindigkeit wenig zu beeinflussen, und zum andernmal die Betriebsstoffkosten des Zugwagens gering zu halten, wozu auch gute Stromlinienform viel mithelfen kann.

Im Auto selbst schlafen.

Die einfachste Art von Wohnwagen stellt das Auto selbst dar, soferne es mindestens ein Viersitzer ist. Es gibt heute Autos, deren vordere Rückenlehnen man nach hinten

Lichtbild: Dr. Jupitz

umlegen kann, und deren Vordersitz, vordere umgelegte Rückenlehne und Hintersitz, gegebenenfalls auch noch hintere Rückenlehne zusammen zwei bis drei Liegeplätze ergeben. Es gibt auch solche umlegbare Sitze nachträglich zu kaufen. Man baut sie anstelle der vorhandenen in den Wagen ein. Schließlich kann man auch die vorhandenen Sitze und Rückenlehnen seines Wagens entsprechend umbauen lassen. Einige Decken und Kopfkissen dazu, einfach aus dem Haushalt entnommen, und schon können wir in unserem Auto wohnen, d. h. schlafen. Gewiß ist die Sache nicht allzu bequem, denn das Aus- und Ankleiden muß im Sitzen geschehen, praktisch ist das vorhandene Deckenlicht, ein Fenster kurbeln wir einige Finger breit auf, um frische Luft zu erhalten. Die Motorhaube haben wir mit einer Decke, am besten aus Segeltuch, zugedeckt, damit die Nachtfeuchte nicht zu sehr das morgendliche Anspringen des Motors erschwert. Und nun schlafen wir unsere erste Nacht in mehr oder weniger großen Abständen, denn in einem Zug gelingt uns dies das erstemal ja doch nicht, später schon. Am anderen morgen weckt uns der erwachende Tag. Es mag 5 Uhr früh sein, still ist es rings umher, die Sonne geht eben auf, wir kurbeln das beschlagene Fenster auf, brrr, was ist es kalt draußen! Die Neugierde treibt uns aus dem Wagen, und jetzt sind Probleme zu lösen. Wasser zum Waschen und um das Frühstück zu bereiten. Da brauchen wir ein Gefäß, um es zu holen, um es zu wärmen (Wassertank aus Blech oder Segeltuch, Kochapparat, Waschschüssel). Dann sitzen wir am Trittbrett, so ein solches vorhanden, und strählen uns die Haare. Während der erste Kaffeeduft von der Nase erwittert wird, beschließen wir, uns heute mal nicht zu rasieren, werfen aber nach dem Frühstück in der Regel diesen Beschluß ebenso leicht hin, wie wir ihn faßten, wieder um, tun es also doch. Dann fahren wir weiter, wenn es sein muß 300, 400 oder gar 500 km fort von diesem Platz, nicht wissend, wo wir abends unser Heim aufschlagen werden; aber daß wir es genau wieder so aufschlagen werden, wie wir es heute morgen verließen, steht fest.
Dies ist also die einfachste Art von Wohnwagen. Neben ihren Nachteilen (Platzmangel vor allem, wenn's draußen regnet) hat sie den Vorzug der geringsten Kosten. Notwendig ist, nur zu zweit im Viersitzer zu fahren und wenig Gepäck mitzunehmen, denn sonst wird der Wust nach der ersten Nacht beinahe unentwirrbar.

Ein Zelt mitnehmen.

Beim Wohnen im Auto bleiben die wenigsten. Ein Zelt muß her, warum auch nicht. Es kann eines der üblichen Dach-, Spitz-, Rund- oder Hauszelte sein, die so klein gerollt sind, daß sie in einem Rucksack untergebracht werden können; es kann aber auch ein Spezialbau sein, ein Autozelt, das irgendwie mit dem Auto zusammen ein Ganzes bildet. Dabei kann man, wie vorher geschildert, im Auto selbst schlafen, erspart damit Zeltmatratzen usw. und man kann das Zelt gewissermaßen als Tages- und Wohnraum benützen, das uns dadurch mehr Bewegungsfreiheit gibt. Klapptische und Klappstühle machen es wohnlich, der weiteren Ausstattung sind keinerlei Grenzen gesetzt. Wir wollen uns hier über Zelte nicht breit unterhalten, denn es gibt ein eigenes Zeltschrifttum und auch besonders über das Autozelten ist schon viel geschrieben worden. Wer sich dafür interessiert, der sei auf das kleine Büchlein Theo Rockenfellers „Als Autozigeuner in den Bergen"* hingewiesen, in dem er viel brauchbare Vorschläge findet.

---

* Bergverlag Rudolf Rother RM 1.80.

Einen Gepäckanhänger nachziehen.

Gewöhnlich wird aus dem erstangeschafften kleinen Zelt über kurz oder lang ein größeres, ja großes, bequemes Zelt. Darinnen sind dann Stahlrohr-Feldbetten und Liegestühle aufgestellt, ein eigener Küchentisch ist da, ein Grammophon (leider auch) oder gar ein Koffer-Radio-Empfangsgerät, und noch so allerlei Dinge, von einer Menge Koffer ganz abgesehen, denn schließlich ist man auf einer Mehrländerreise, wohnt heute auf einem Acker vor Paris, und morgen stolziert man über die Champ Elysee und da will man wieder anders angezogen sein, als draußen auf dem Acker. Es ist gar nicht gesagt, daß, wenn wir eine Zeltausrüstung mitführen, deshalb niemals mehr in einem Gasthaus wohnen wollen. Berühren wir auf unseren Fahrten Großstädte, dann lassen wir unser Zelt zusammengerollt und wohnen für einen oder mehrere Tage im Hotel, auch das hat, gerade nach einigen mehr oder weniger wild verlebten Zelttagen seine Reize. Aber die Menge von Gepäck, die man für ein solches Doppelleben braucht, oder selbst das Gepäck, das ein halbwegs komfortabel eingerichtetes Zelt verursacht, ist in den gewöhnlich vorhandenen Gepäckräumen eines Personenautos, also im Kofferraum, kaum unterzubringen. Im Zweisitzerwagen wird die Gepäckunterbringung alsbald schon recht schwierig, im Viersitzer noch mehr, wenn tatsächlich vier Personen mit all ihrem Gepäck mitwollen. Der Viersitzer ist gerade richtig, wenn zwei Personen, höchstens aber drei mitfahren, denn dann können die Rücksitze bis zum Dach vollbepackt werden. Das reicht gerade aus. Wird aber der Viersitzer als Viersitzer gefahren, hört die Bequemlichkeit des Autofahrens auf und dann gibt's nur noch eine Lösung — den Gepäckanhänger.

Und damit beginnt das Wohnwagenproblem. Ob ich nun nur einen Gepäckanhänger nachziehe oder einen Anhänger, der ein wenig größer und gleich zum Wohnen eingerichtet ist, bleibt sich ziemlich gleich.

Gepäckanhänger in den verschiedensten Formen, bis zur modernsten Stromlinienform, werden von verschiedensten Herstellerfirmen serienmäßig oder auch nach eigenen Wunschformen gefertigt und stellen sich im Preise von etwa 250.— bis 900.— RM. Es handelt sich hier um zweirädrige Fahrgestelle, mit einem Aufbau einfachster Art mit oder ohne Deckel, der Deckel kann auch durch eine Segeltuchplane ersetzt werden. Wichtig ist stets die Art der zur Anwendung gelangenden Kupplung, diese muß zuverlässig und einfach zu handhaben sein, weil es des öfteren notwendig ist, den Anhänger abzuhängen. Bekanntlich kann man mit einem Anhänger nicht, oder nur wenige

Westfalia-Gepäckanhänger

Werkaufnahme

Meter rückwärtsfahren, weil er sich dann querdreht. Das ist scheinbar ein Nachteil, in Wirklichkeit aber keiner, weil der Anhänger mit einem Handgriff ab- und wieder angekuppelt ist. Diese zweirädrigen Anhänger sind auf ihrer Achse so ausgewogen, daß man sie leicht von Hand schieben und mühelos wenden kann. Ist man also in eine Sackgasse gelangt, in der man ohne rückwärts zu stoßen nicht wenden kann, dann wird mit einem Handgriff der Anhänger abgekuppelt, gewendet und dann wendet man mit dem Auto wie sonst auch, kuppelt den Anhänger mit einem Handgriff wieder an und schon geht's weiter.

In einem solchen Gepäckanhänger verstauen wir nun also unser großes Zelt, die Feldbetten, Schlafsäcke, Matratzen, Tische, Stühle, die Zeltküche, Beleuchtung, Lebensmittelvorräte, Trinkwassertanks, dann die Kleiderkoffer und anderes mehr. Das geht alles wunderschön hinein und im Wagen selbst haben die Mitfahrenden reichlich Platz, weil sie eben nicht durch Gepäck belästigt werden.

Jetzt haben wir ein schönes großes Zelt, ein bequemes Zelt sagten wir eben. Gewiß ist ein großes Zelt bequem zum Bewohnen, man kann aufrecht darinnen stehen, man hat genug Raum für die Betten und Stühle, aber bis das nun jeweils alles aufgestellt ist und anderntags wieder eingepackt, vergeht schon eine reichliche Zeit, eine halbe oder gar eine ganze Stunde, es sind allerhand Pflöcke einzuklopfen und Stangen aufzurichten und das jeweils abends nach der ermüdenden Fahrt des Tages mit hungrigem Magen ergibt dann meist eine kleine Mißstimmung. Gewiß ist alles gleich wieder vergessen, wenn der „Palast" steht, wir in der Abendsonne die ersten Bissen des Essens binnen haben und nach einem langen tiefen Zug die Bierflasche halbleer vom Munde nehmen. Aber am anderen Morgen haben wir die gleiche Arbeit mit dem Einpacken, man rollt natürlich nicht alles so sauber wie das erstemal zu Hause und schon wird der erst reichlich vorhandene Platz im Gepäckanhänger fast zu klein, es wird gedrückt und gewürgt und schließlich ist der Deckel zu. Nach ein paar Stunden Fahrt ist man wiederum am Ziele des Tages angekommen und die ganze Aufbauarbeit geht wieder von vorne an. Das macht man eine Weile, das macht man, weil einem nichts anderes übrig bleibt, aber mittendrin verzichtet man doch einmal auf diese Arbeit, sucht den nächsten Gasthof und setzt sich an die gedeckte Tafel, legt sich ins gemachte Bett. Anderntags hat man dann wieder mehr Lust zum Aufbauen. Aber nun ist in der letzten Stunde der Fahrt ein mächtiges Unwetter losgebrochen, es regnet und regnet. In diesem Regen soll man nun den ganzen Lageraufbau vornehmen? Nie und nimmer! Jetzt wären wir wieder lieber Besitzer eines kleinen, in wenigen Minuten aufgestellten Zeltes, anstatt des großen, aber mit viel Aufstellarbeit belasteten Palastes. Gewiß könnten wir uns ja für solche Fälle noch mit einem zur Reserve mitzuführenden kleinen Zelt ausrüsten, aber das geht doch zu weit und zeigt lediglich, daß, so herrlich schön das Zeltleben an sich ist, es auch seine Schattenseiten hat.

Aus diesen Gedanken heraus ist dann wohl der moderne heutige Reisewohnwagen entstanden. Autoleute sind bekanntlich meistens auch ein wenig „faule" Leute, wenn sie am Ziel angekommen sind, denn die Anstrengung des Fahrens wirkt sich dann plötzlich in einer starken Ermüdung aus, die nach einer halbstündigen Ruhepause oft wieder restlos gewichen ist. Aber gerade in diese „müde Stunde" fällt der Zeltaufbau.

Mit dem Wohnwagen reisen.

Wir haben diesmal anstatt eines Gepäckanhängers einen Wohnwagen dranhängen. Dieser ist größer als ein Gepäckanhänger, auch ist sein Gewicht höher. Unsere Reisegeschwindigkeit verringert sich entsprechend der Größe und dem Gewicht des nachgezogenen Hauses, aber wenn wir schon reisen und wandern, dann eilt es uns in der Regel nicht so, daß dies als Nachteil empfunden werden dürfte. Die Kunst des Autowanderns liegt ja vor allem darin, dahinzutrudeln und viel dabei zu erschauen, oft anzuhalten, oft auszusteigen, um noch genauer schauen zu können. Es kommt in gar keiner Weise darauf an, schnell vom Punkt A zum 500 km entfernten Punkt B zu kommen, das könnten wir mit dem D-Zug oder dem Flugzeug ja besser bewerkstelligen. Der Autowanderer muß doch diese 500 km in ihren Einzelheiten erschauen, erleben, wenn er einen Gewinn von seiner Reise heimbringen will. Immerhin können wir auch mit Wohnwagen beträchtliche Durchschnittsgeschwindigkeiten erzielen, wenn das Wohnwagengewicht mit der Stärke des Zugwagens im richtigen Verhältnis steht. Doch darüber später. Jetzt kommt es uns nur darauf an, den Unterschied festzustellen zwischen dem Aufbau eines großen Zeltes und der Benützung eines Wohnwagens. Wir kommen nach einer Tagesfahrt von 300 km über mittelgute Straßen ermüdet an unserem Ziel an, sehen uns die letzte halbe Stunde fleißig alle von unserer Hauptrichtung abzweigenden Nebenstraßen daraufhin an, ob sie nicht zu einem hübschen und gut versteckten Plätzchen führen könnten, das als Standplatz geeignet sein könnte, denn an der Hauptstraße selbst wollen wir ja nicht bleiben. Nun ist da ein kleines Seitensträßlein, einer steigt aus und geht einige hundert Meter hinein, um zu sehen, ob der Untergrund des Sträßleins fest ist, ob man dahinten auch wieder wenden kann und ob ein geeigneter Platz überhaupt vorhanden ist. Nehmen wir weiter an, daß alles in Ordnung befunden wurde. Wir fahren jetzt mit unserer Karawane in dieses Sträßlein hinein und stehen am ausgesuchten wunderhübschen Platz. Hätten wir einen Gepäckanhänger dabei, dann ginge es ans Auspacken und Aufbauen; so aber sperren wir einfach die Türe des Wohnwagens auf, öffnen die Fenster desselben und strecken uns sogleich der Länge nach auf die gar einladend daliegenden Betten hin, um erst mal von der langen Fahrt etwas auszuruhen. Die Stille nach dem mit Motorenlärm gefüllten Tag wird uns gut tun. Unser Blick schweift zur Decke empor, da sind in einem Rahmen Teller und Tassen schlingerfest gestapelt, da sehen wir jenes Schränkchen, in dem immer eine Flasche Feuerwasser steht . . . ja also wie gesagt, von einem Aufbauärger mit hungrigem Magen kann beim Wohnwagen wirklich keine Rede sein. Alles ist an seinem Ort, da sind Schubläden und Kästchen und ein Kleiderkasten, eine Waschschüssel mit fließendem Wasser obendrüber, es gibt kein Auspacken, es ist als ob man zu Hause in sein Zimmer tritt; es ist bequemer als wenn man mit Koffern in ein Hotelzimmer kommt, denn nicht einmal Koffer braucht man auszupacken, es ist bereits alles ausgepackt. Die Kleider hängen schon im Kleiderschrank. Im letzten Dorf hat man sich Lebensmittel gekauft und nun setzt man den Kocher in Brand und fängt zu kochen und zu bruzzeln an. Der Fahrer, der inzwischen aus der bewußten Flasche noch einen auf die Lampe gegossen hat, ist auch schon wieder munter und in Erwartung der Dinge, die nun kommen, zu allerlei Streichen aufgelegt, er hat vielleicht die Reisekarte auf den Tisch gelegt, verfolgt nochmals die heutige Fahrt und plant die Strecke für morgen.

Ich glaube, das genügt, um dem Leser den hauptsächlichsten Unterschied zwischen Benützung eines großen Zeltes und der eines Wohnwagens aufzuzeigen. Dort muß erst mal eine viertel oder halbe Stunde gebaut werden, hier sperrt man nur die Tür auf und alles ist fertig zum Ausruhen.

Aber noch eines spricht für den Wohnwagen und das besonders bei Frühjahrs- und Herbstturen oder bei Reisen in Regenzeiten, nämlich *der erhöhte Holzboden, die ringsum laufenden massiven Holzwände und das vollkommen* dichte Dach. Gewiß halten die heutigen modernen Zelte jedem Regenguß stand, aber wenn der Regen halt gar zu lange dauert und man des öfteren mit nassen Schuhen hereinkommt, ist doch bald der Zeltbodenstoff feucht geworden, und wenn wir in einer Gegend mit lehmigen Boden hausen, wird es bald reichlich ungemütlich. Das alles spielt zwar keine Rolle bei einem Nachmittagsgewitter, auch schadet es nichts, wenn es die ganze Nacht regnete, aber wenn es dann den ganzen Tag über immer noch regnet und wir entweder naß einpacken müssen oder uns gezwungen sehen, wegen eben dieses Regens nicht einpacken zu können, dann haben wir als alte Zeltleute, die wir doch dies Spiel schon seit unserer jüngsten Jugend treiben, manchmal doch recht unkultivierte Worte in den Mund genommen. Das hinderte uns natürlich nicht, das nächste Mal doch wieder mit dem innigstgeliebten Zeltkram loszuziehen. Aber wie gesagt, in solchen Lagen ist es wahrhaft im Wohnwagen gemütlicher, ein fester, stabiler Holzboden, 30—40 cm über dem Erdboden, da kann selbst eine kleine Überschwemmung des Geländes kommen, ohne uns aus der Ruhe zu bringen; und solche Überschwemmungen kommen besonders in den Alpen öfter und schneller als mancher denkt.

Besonders die Frauen sind von dem erhöhten Wohnwagenboden gegenüber dem ebenerdigen Zeltboden begeistert, erst beim Wohnwagen glauben sie es ganz bestimmt, daß nachts keine Käfer und sonstiges Kriechzeug, von „Schlangen" ganz zu schweigen, hereinkommt. Der Stadtmensch ist viel mehr als ihm zuträglich ist, der Natur entwöhnt worden, sonst würde er sich über jeden Käfer freuen, der ihn in seinem Zelt besucht, er will ihm ja nichts Böses tun, er ist selbst heilfroh, wenn er wieder draußen ist, er ist ja nur aus Versehen hereingekommen.

Wir haben nun einige Vorzüge des Wohnwagens gegenüber dem Großzelt kennengelernt und weitere werden wir im Laufe der Zeilen noch finden. Das Großzelt ist zwar bequem zu bewohnen, aber es macht viel Mühe bei der Aufstellung und dem Abbau und da gerade der Aufbau meist am Abend in ermüdetem Zustand erfolgen muß, macht er die kleine Mühe zur großen Plage, die berühmte Mücke zum Elefanten. Außerdem muß beim Zelt immer alles aus- und wieder eingepackt werden. Beim Wohnwagen ist das bequemer, man steigt aus dem Auto aus und in den Wohnwagen ein und findet sein Daheim fix und fertig vor. Und wenn es uns mitten in der Nacht einfällt, daß vielleicht in der nächsten Stadt die Tanzmusik aufspielt, dann sind wir in 5 Minuten startbereit und fahren samt Anhänger dahin, und falls wir einmal keinen geeigneten versteckten Lagerplatz finden, dann können wir auch mal mitten auf dem Marktplatz einer Stadt parken und dort schlafen. Warum denn nicht?

Der Wohnwagen bietet somit ganz erstaunliche Möglichkeiten. Dem modernen Menschen gibt er, was dieser sich so oft vergeblich ersehnte, nämlich das heute Hier- und morgen Dortsein, den Genuß heute in der Stadt, morgen im Wald wohnen zu können und doch immer das Daheimgefühl dabei zu bewahren.

Wir wollen in dieser Schrift keineswegs das Zelt gegen den Wohnwagen ausspielen oder den Wohnwagen gegen das Gasthaus. Die Vorzüge des Zeltlagerlebens sind heute schon viel zu bekannt, als daß wir nicht frei von der Leber weg miteinander reden könnten, um so mehr als sich die zukünftigen Wohnwagenfahrer hauptsächlich aus ehemaligen Zeltleuten finden werden, aus Leuten also, die eine erhebliche Zeltpraxis hinter sich haben und die Vorzüge des Zeltes aus eigener Anschauung kennen, nicht aber noch die Vorzüge des Wohnwagens.

Es wäre sicherlich nur zu begrüßen, wenn alle zukünftigen Wohnwagenleute mit einer möglichst großen Zelterfahrung, also über das Zelt zum Wohnwagen kämen, denn

sonst kommen Leute in die Wohnwagen=Bewegung hinein, die keine ordentliche „Lehr= zeit" hinter sich haben, und die wirklichen Vorzüge des Wohnwagens gar nicht zu schätzen vermögen.
Jetzt aber gehen wir an die Einzelheiten der uns bis heute bekannten in= und aus= ländischen Wohnwagensysteme heran, um einen Gesamtüberblick über das Vorhandene zu gewinnen. Die Leser werden mit Erstaunen vernehmen, welche bunte Fülle ge= boten wird, und mit uns den Eindruck gewinnen, daß es in mancher Beziehung im Auslande schon zuviel des Guten ist. Es ist Unsinn, eine komplette Villa mit einer Zimmerflucht und Aussichtsveranda hintennach zu ziehen, wenn es sich nur darum handelt, das Wochenende und die Ferienfahrt in einer freieren Art und Weise zu verleben als bisher. Wenn es aber notwendig ist, wie wir in einem ausländischen Lager tatsächlich einmal erlebt haben, daß zum Unterhalt des Karawanenzuges eigens ein Diener für den Herrn und eine Zofe für die Gnäfrau, vom Chauffeur ganz ab= gesehen, erforderlich ist, dann artet der sonst so herrliche Wohnwagengedanke glatt= weg aus. Zum Glück gibt es doch nur wenig Menschen, die mit soviel Geld geplagt sind, um auf solche ausgefallene Gedanken zu kommen. Immerhin hat auch diese Art ihr Gutes; Diener, Zofe und Chauffeur genießen dabei die wirklichen Freuden des Zeltlagerlebens.

Die deutsche Wohnwagen=Bewegung.

Mit welchem Ereignis die deutsche Wohnwagenbewegung ihren Anfang genommen hat, ist vorerst nicht endgültig festzustellen. Sicherlich werde ich nach Erscheinen des Buches Zuschriften von Deutschen bekommen, die für sich den Anspruch erheben, die ersten gewesen zu sein, die in Deutschland mit einem Wohnwagen sportlich ge= wandert sind. Es ist auch der Zweck dieser Zeilen, solche Pioniertaten zu erfahren.
Der erste Auto=Wohnanhänger sportlicher Art, der mir zu Gesicht kam, war der eng= lische Zeltwagen meines holländischen Freundes Dr. van der Sleen. Das war 1930 als wir uns an der Gotthardstraße zufällig trafen. Ende 1933 war es, als Freund Hein= rich Hauser in Hamburg seine „Arche" in Bau nahm, mit der er dann im Sommer 1934 seine große 140tägige Fahrt durch Deutschland unternahm, von der erstmals die „Woche" am 9. Juni 1934 berichtete. 1935 erschien dann sein Buch „Fahrten und Abenteuer im Wohnwagen", das viel zur Verbreitung des Wohnwagengedankens in Deutschland beitrug.
Am 1. Februar 1934 habe ich über einen Wohnwagenbau Jürgen Nörings in einem Katalog meiner Firma berichtet und diesen Wagen auch mit allen Daten und Preisen zum Verkaufe angeboten. Noch ohne Erfolg. Es meldeten sich zwar einige Inter= essenten, aber weiter geschah nichts in der Sache (Berger=Zeitung Nr. 1 1934).
Im Sommer 1934 baute ich auch meinen ersten Wohnanhänger, der dann in der Berger= Zeitung Nr. 1 1935 abgebildet war.
Ab und zu tauchten Wohnwagenbilder in illustrierten Zeitungen auf, es waren immer Bilder amerikanischer und englischer Wagen.
Im Sommer 1935 startete mein drittes Modell „Hausdabei", und man kann sagen, damit auch die deutsche Wohnwagen=Bewegung. So gering das Interesse der Allgemein= heit vorher war, so lebhaft war es mit einem Male. Die Presse stürzte sich auf das Thema, Aufsätze und Bilder über den „Hausdabei" erschienen plötzlich in fast allen illustrierten Zeitungen, und eine ganze Reihe solcher Wagen konnte richtiggehend

verkauft werden. Heute, nach wenigen Jahren, ist die Entwicklung des Wohnwagen=baues in Deutschland mächtig fortgeschritten. Im Februar 1937 zeigten bereits vier An=hängerbaufirmen auf der Internationalen Automobil= und Motorrad=Ausstellung Berlin Wohnanhänger. Hunderttausende von Besuchern sahen diese und gar mancher wird nun nicht mehr rasten und ruhen, bis er nun a u c h so ein Vehikel sein eigen nennen, bis er auch seine „Jacht der Landstraße“ in die weite Welt steuern kann.

Der Gedanke marschiert, dieses Buch will den weiteren Weg bahnen helfen. Wir haben gegenüber dem Stande der Bewegung in Amerika und England noch manches auf=zuholen, aber nun haben sich schon viele Männer gefunden, die den Wohnwagen=gedanken aufgegriffen haben, so daß anzunehmen ist, daß wir in Deutschland in aller Kürze den Vorsprung des Auslandes, wenn auch nicht der Zahl nach, so doch hin=sichtlich der Güte der Konstruktion und Ausführung der Wagen, eingeholt haben werden. Möge uns der Himmel davor bewahren, daß es einst in Deutschland 300 000 Wohnwagenbesitzer gibt, wie es in den Staaten heute der Fall ist, denn alle Romantik des Reisens im Wohnwagen wäre dahin.

Unser Ziel muß Qualität statt Quantität sein, wir müssen bessere Wagen bauen, als sie sonst irgendwo in der Welt gebaut werden, und schon scheint es, als ob wir uns auf dem richtigen Weg zu diesem Ziele befinden würden. Bessere Wohnwagen heißt vor allem, daß wir leichteste Wagen bauen müssen, ohne daß notwendige Einrich=tungen und Wohnlichkeit dabei vernachlässigt werden. Gewiß sind die englisch=amerika=nischen Wagen komfortabel bis ins Letzte, aber schwer, unglaublich schwer, und warum? Die Leute drüben haben schwere und schwerste Zugwagen, sie haben das Geld, um diese betriebsstoffverschwendenden Maschinen und Anhänger auch unterhalten zu können. Wir in Deutschland haben weder das Geld, noch die Zeit, um uns langsam von einem Luxusort zum anderen zu schleppen, wir müssen arbeiten, haben leichte Wagen und wenig Zeit. Nur das Wochenende und einige Hochsommertage oder Wochen stehen uns in der Regel zur Verfügung.

Und gerade darum werden wir noch viel bessere Wohnwagen bauen als irgendein anderes Land. Deutschland ist das Land des Leichtbaues, des sinngemäßen Sparens, des gründlichen Forschens und hat auf verwandten Gebieten (Segelflugzeugbau, Luft=schiffbau, Faltbootbau) bereits die Weltführung übernommen.

Schon heute nehmen deutsche Wohnwagen wegen ihrer Vorzüge, eben der erwähnten Leichtigkeit, erfolgreich den Kampf um die Exportmärkte auf. Gar mancher deutsche Wohnanhänger ging nun schon über die Grenzen des Landes, nach Frankreich, Bel=gien, Rumänien, ja sogar nach Persien.

Noch fehlt im Reiche eine Zusammenfassung der Kräfte durch einen die Bewegung fördernden Wohnwagen=Club, noch fehlt eine eigene Wohnwagen=Fachzeitschrift, aber alles das wird so gut kommen, wie es anderswo auch gekommen ist. Drängen wir nicht dazu, solange es ohne irgendwelche Organisation geht, ist es besser, denn mit der Organisation kommen auch schon die Paragraphen, die Regeln, die Vereinsmeierei und all der üble Kram, der schlecht zu der ganzen Idee paßt, zu der Idee, völlig frei und unabhängig und nur auf sich selbst gestellt, in die Welt hinauszufahren.

Und jetzt sehen wir uns der Reihe nach an, was an Wohnanhängern bisher gebaut wurde. Die Reihenfolge bedeutet keinerlei Rang= oder Zeitordnung, auch mag manche Konstruktion irgendwo gebaut worden sein, die mir bis heute nicht bekannt ist. Er=gänzungen in Wort und Bild sind mir jederzeit willkommen, damit weitere Auflagen dieses Buches entsprechend vollständiger werden können.

Die „Arche“, der Wohnwagen-Selbstbau Heinrich Hausers

Unter den seltsamsten Umständen ist wohl die „Arche“ gebaut worden. Heinrich Hauser schreibt darüber in seinem Buch „Fahrten und Abenteuer im Wohnwagen“ wie folgt: „Wenn eine Frau ein Kind erwartet, so muß sie vieles vorbereiten; bei all der Arbeit kann ihr der Mann nicht helfen, aber er kann auch etwas tun, er kann zum Beispiel eine Wiege bauen. Ich baute eine Wiege wie ein Schiff, mit Kiel und Spanten, dickbauchig wie eine holländische Kuff, sie konnte schaukeln, aber sie konnte nicht kippen. Unwillkürlich malte ich mir aus, wie es wäre, wenn man sich ein ganzes Haus aus Weidenruten baute. Das würde aussehen wie die großen Planwagen der Kaufleute des Mittelalters oder wie die „Prärieschoner“ der ersten Siedler Amerikas. Das waren ja auch fahrbare Häuser gewesen, Häuser, in denen man reiste.
Ich ließ die Hände sinken und starrte Toms (die Frau) offenen Mundes so geistesabwesend an, daß sie erschrak. Die Idee war in mich gefahren wie der Blitz: „Toms, wir werden ein Haus bauen. Wie diese Wiege werden wir es bauen, nur größer. Und wir werden dieses Haus auf Räder setzen.“
Die Wiege des Gedankens einen Wohnwagen zu bauen ist also buchstäblich eine Wiege gewesen. Ich habe den Gedankenweg gewählt, um zu zeigen, daß unsere Arche Noah nicht der Laune entsprang, ein paar Wochen Zigeuner zu spielen, daß wir sie nicht im Schaufenster sahen und plötzlich begehrten, sondern wir erfanden sie uns als die Lösung von zweierlei Verlangen, das sich ganz zu widersprechen schien: Reisen und dabei zu Hause bleiben.“
Und wie das Kind dann zur Welt kam, wie underdes die Arche gebaut wurde: 5,50 m lang, 1,90 m breit, 2,80 m hoch mit Kinderzimmer (1,70 × 1,60 m), Küche (1,80 × 0,80 m), Elternzimmer als Schlaf-, Wohn-, Arbeits-, Eßzimmer in einem (2,10 × 1,80 m) und wie sie dann vom Stapel gelassen und auf die Reise rund um Deutschland ging, mit Frau, Kind und Kegel volle 140 Tage und Nächte lang, das alles liest und sieht man in Hausers Buch „Fahrten und Abenteuer im Wohnwagen“ (Verlag C. Reissner, Dresden), das ich jedem zukünftigen Wohnwagenfreund empfehle, besonders dann, wenn die bessere Ehehälfte noch für den Wohnwagengedanken gewonnen werden muß. Ihr Frauen all, nehmt euch ein Beispiel an Toms, der zierlichen, tapferen Frau Hausers, die mit ihrem 3 Monate alten Baby volle 140 Tage im Wohnwagen hauste.

Technische Daten:

Gewicht leer	1750 kg
ausgerüstet	etwa 2000 kg
Länge	5,50 m
Breite	1,90 m
Höhe	2,80 m
Selbstkosten	rund 3000.— RM

Eschengerüst mit doppelten 5 und 7 mm starken Preßholzplatten und dazwischenliegendem Isolier-Luftraum. Schleppwagen ein 4,5-Liter-Packard (Gewicht 1800 kg). Tapeten aus Landkarten!

Die „Arche" am Start zur Deutschlandfahrt

Das Gerippe der „Arche"

Ein Flaschenzug hilft im Sande

Lichtbilder: Heinrich Hauser

Mein erster selbstgebauter Wohnwagen.

Auf dem Papier sah er wundervoll aus, in Wirklichkeit wurde es ein ziemliches Scheusal. Also da war ein altes, ausrangiertes Lieferwagenfahrgestell, auf dem der neue Bau erstehen sollte. Untenherum Sperrholz, oben darauf ein leichtgewichtiges Eschenleistengerippe wie beim Faltbootbau und darüber eine silberglänzende Faltboothaut. Eine Türe, etliche Fenster, zwei Matratzen, ein Klapptisch und ein Küchenbrett, fertig war die rollende Laube.

Genau wie mein erstes Faltboot, das ich mir vor nunmehr drei Jahrzehnten selbst gebaut hatte, wider Erwarten geschwommen ist, genau so konnte man diesen „Wolkenkratzer" tatsächlich hinter einem Auto einherziehen.

Wer nie Fehler macht, lernt nichts. Viel habe ich aus dem ersten Versuchsbau gelernt. Die erste Ausfahrt ging natürlich auch gleich abseits der Straße ins Gelände, zwischen Sträuchern und Bäumen durch und schon krachte es, es war der allen Segelfliegern wohlbekannte Ton einer halbsanften Bruchlandung. Durch mehrjährige Gewohnheit genau auf die Höhe des Autos, nicht aber auf die einen halben Meter höhere Höhe des Anhängers eingestellt, übersah ich, daß ich zwar mit dem Zugwagen unter den Baumästen durchkam, nicht aber mit dem Anhänger. Das Dachgerippe war also eingedrückt, die Faltboothaut hingegen hielt es aus. Auch daraus gab es gleich eine Menge zu lernen. Das Dach müßte vorne niedriger, dann erst langsam aufsteigend sein, damit solche Äste in Zukunft besser darüber hinweggeleitet würden. Noch besser wäre es vielleicht, den ganzen Wagen im Transportzustande niedriger zu halten, aber das war ein Irrtum, wie es sich später zeigen sollte. Bei weiteren Ausfahrten stellten sich dann noch gar viele Verbesserungswünsche ein und so kam der zweite Versuchsbau zustande.

Ein alter Lastwagen wird abgewrackt

Aus einer Ruine ersteht der erste Berger-Wohnwagen

Schon während der ersten Probefahrten entstanden die weiteren Pläne

Eigenaufnahmen

Der zweite Versuchsbau

Eigentlich war es nur ein Umbau des ersten Wagens. Nachdem aber der Unterbau sich halbwegs bewährt hatte, konnte man ihn lassen wie er war und nur einen neuen Oberaufbau aufsetzen.

Ziel war, die Höhe des Wagens im Fahrzustande zu verringern, sie aber im Wohnzustand möglichst zu erhalten, und die scheußliche Form zu verbessern.

Da baute ich also ein Giebelzelt auf den Wagen, das rasch und einfach mit ein paar Stahlrohren stramm gespreizt werden konnte. Im Zeltbau hatte ich ja eine 20jährige Erfahrung, sodaß nach dem Umbau der Anhänger schon bedeutend sportlicher aussah. Der Anhänger war also beim Schleppen niedriger geworden und hatte doch Stehhöhe im Wohnzustand. Zweifellos war ein Fortschritt erzielt. Etliche Probefahrten befriedigten. Natürlich war vieles noch nicht so, wie man es sich vorstellte. Da gab die Kupplung noch Probleme auf, die starke Vorderlastigkeit des Anhängers (wie wir sie auch später bei den amerikanischen Konstruktionen kennen lernen werden) wollte mir zunächst gar nicht recht gefallen, denn das Hantieren mit dem abgehängten Anhänger war dadurch nicht gerade leicht, auch konnte er nur für schwerere hinterradangetriebene Kraftwagen verwendet werden. Es wurde immer weiter daran herumgebaut, geändert, verbessert, verworfen und neugemacht.

Das alles liest sich so leicht und schnell, als ob nicht Monate und Jahre zwischenhin verronnen wären. Auf dem Zeichenbrett entstanden gar vielerlei Projekte, noch viel mehr auf Notizzetteln und summa summarum kostete all das Herumpopeln auch einen schönen Batzen Geld. Aber was opfert man nicht alles für eine Idee, in die man vernarrt ist?

Der obere Teil wurde zusammenfaltbar, die Fahrhöhe dadurch niedriger

Zeltoberbau hochgespannt

Eigenaufnahmen

Alle guten Dinge sind drei.

Wie schon zwischen den vorhergehenden Zeilen zu lesen war, so sei es hier nochmals ausdrücklich bestätigt: Zufrieden war ich mit der ganzen Sache immer noch nicht.
Es liegt mir im Blute, alles Gerät, das sportlich transportiert werden muß, möglichst klein zusammenfaltbar zu gestalten, sodaß es erst am Gebrauchsort auf seine volle Größe aufgeformt werden kann. Klein gefaltet, aber blitzschnell entfaltet, ohne irgendwelche Aufbauarbeit, etwa so leicht und einfach wie man einen Fächer entfaltet . . .
Fächer entfaltet . . . Fächer entfaltet . . . Diesmal hat es eingeschlagen. Aber nein, das geht ja nicht, das ist ja viel zu einfach, als daß es ginge. Meine jahrzehntelangen Erfahrungen beim Faltboot- und Zeltkomfort-Erfinden sagten zunächst einfach nein. Einem so „uralten" Fachmann müßte man doch eigentlich glauben. Aber diesmal glaubte ich mir selbst nicht und das war gut so. Was kann es denn einfacheres geben, als einen Zeltaufbau nach dem Fächerprinzip? Warum aber hat man denn das nicht schon längst gemacht?
Seht — so geht das immer mit Erfindungen, die etwas taugen. Sie sind so einfach, daß man sich hintennach wundert, warum man nicht schon längst darauf gekommen ist.
Nun ging es wieder ans Zeichnen, ans Probieren, ans Patentanmelden und manche schlaflose Nacht ging mit Grübeleien über Einzelheiten dahin. Das ist allemal die schönste Zeit, die Planungsarbeiten, wenn sich Einzelheit an Einzelheit zum großen Ganzen formt. Da schwebt der Konstrukteur in den höchsten Himmeln. Da werden ihm die Tage und die Nächte zu kurz. Da tunkt er die Tuschefeder in den längst kalt gewordenen Kaffee. Da schwitzt er stundenlang vor Aufregung, ohne darauf zu kommen, daß er ja nur die Jacke auszuziehen bräuchte, um es kühler zu bekommen.
Also, wie gesagt, diesmal hat es eingeschlagen, diesmal wurde ein Wagen daraus, der es in sich hatte. Bald darauf ging es auf die erste Probefahrt und nicht lange darauf auf große Fahrt in die Hochalpen. Ein Falt-Wohnwagen ganz besonders geglückter Art war geschaffen, die Hexerei ist gelungen.
Eins zwei drei — Deckel auf — Haus dabei!

Hausdabei *I*

Hausdabei *II*

Hausdabei *III*

Eigenaufnahmen

Der Falt-Wohnwagen „Hausdabei“

Diese Konstruktion erfordert eigentlich wenig Erklärungen, denn die Bilder zeigen alles. Zusammengefaltet ergibt es einen sehr niedrigen Anhänger von 2 m Länge und 1,40 m Breite, knapp 1 m Höhe. Ein Kasten sitzt auf einem Zentralrohrrahmen. Auf dem Rohr hängen an Schwingachsen die Räder. Der Deckel und die hintere Rückwand sind starr miteinander verbunden. Hebt man den Deckel auf und schlägt ihn um 180 Grad herum, dann zieht sich damit gleichzeitig ein im Wagen entsprechend befestigtes Zelt samt Gestänge ohne irgend einen weiteren Handgriff nötig zu haben fix- und wohnfertig auf, denn die beiden Zeltseitenwände sind nichts anderes als zwei Fächer, die oben durch ein Dachsegeltuch miteinander verbunden sind. Der Deckel ergibt gleichzeitig den Boden für den erweiterten Wagen-Zeltraum. Es entsteht also ein Raum von etwa 4 m Länge, 2 m Höhe und 1,40 m Breite, der in der Lage ist, 4 Bettstellen aufzunehmen, zwei im oberen Teil des Wagens, zwei auf dem Deckel. Das Zelttuch und das Gestänge nehmen einen ganz kleinen Raum im Wagenkasten ein, sodaß fast der volle Kastenraum-Inhalt zur Aufnahme von Gepäck verwendet werden kann, also 2 m Länge, 1,30 m Breite und etwa 30 cm Höhe. Da geht eine Unmenge Zeug hinein, u. a. auch ein Faltboot und schließlich ist oben auf dem Deckel die Möglichkeit vorhanden, weiteres Gepäck aufzuschnallen.

Die erste Großfahrt ging gleich über die Alpen in den sonnigen Süden. An der Grenze fielen zunächst die Zöllner in heftigstes Erstaunen, als sie ihre immer so neugierige Nase

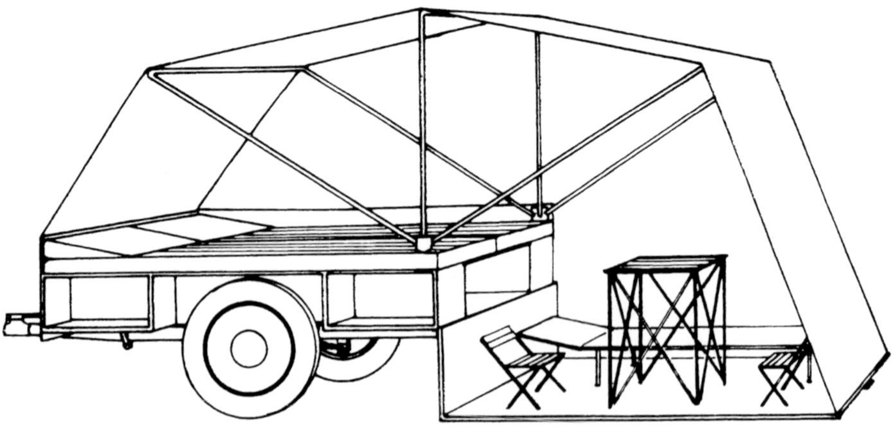

Die Fahrt über den St. Gotthard=Paß Lichtbild: Hans Berger

Das Lager auf dem Gotthard Lichtbild: Hans Berger

in den Kasten stecken wollten und wir mit einem ach so freundlichen „Bitte sehr" in genau 2 Sekunden das Haus entfalteten. Das verblüffte sie doch ganz gewaltig. Dann ging es mit Tempo Richtung Chur, wo 10 Kilometer vorher das erste Lager aufgeschlagen wurde. Zeitig am Morgen weiter, durch die enge steile Via-Mala-Schlucht, die durch Umbauten nochmals um die Hälfte verengt war, und da zeigten sich schon die fabelhaften Fahreigenschaften dieses niedrigen, genau spurenden Anhängers. Weiter, weiter den Rhein hinauf, bis er nur mehr als kleiner seichter Bach über große Steine sprudelt und schließlich standen wir auf der rund 2000 m hohen Paßhöhe des St. Bernhardin, auf dem dann, etwa 500 m weiter auf der Südseite, das zweite Lager entstand. Das dritte Lager war in Locarno, unserem Ziel, dorthin hatte der Auto Camping Club der Schweiz eingeladen und wahrhaftig, als wir uns Bellinzona näherten, trudelten von allen Seiten motorisierte Zeltler herbei und formten sich zu einer Schlange, die schnurstracks sich zum Stadtpark von Locarno unmittelbar am Strande des Lago Maggiore hinschlängelte und dort sich in eine kleine, aber feine Zeltstadt verwandelte. Da gab es Wohnwagen groß und klein, da gab es Zelte aller Sorten, da gab es hundert und tausend Einzelheiten in Zeltküchen, Zeltöfen, Zelteinrichtungen zu sehen und da entfalteten auch wir in 3 Sekunden zur Verblüffung aller Anwesenden unsere Zauberei und fanden begeisterten Beifall. Einige Tage später ging es über den St. Gotthard-Paß wieder zurück. Vorher sei noch erwähnt, daß die ebenfalls im Anmarsch befindlichen Engländer mit ihren großen Voll-Wohnwagen drüben in Interlaken hängen geblieben waren, weil sie die hohen Pässe damit nicht schaffen konnten. Andere, die aus dem Norden kamen, fuhren mit der Bahn durch den Gotthardtunnel, wir aber fuhren vielleicht als die einzigen Wohnwagenleute oben drüber, denn unser Wagen war leicht, wendig und scheute keine Serpentine und keine Steile.

Technische Daten:

Gewicht	etwa 220 kg
Reifen	4,00 × 17
Kasten-Länge fahrbereit	2,00 m
Kasten-Breite	1,50 m
Kasten-Höhe	0,90 m
Wohnraum aufgebaut:	
Länge	4,00 m
Breite	1,50 m
Höhe	2,00 m

Betten (2 eingebaute und 2 Feldbetten).

Aus dem Spiel wird Ernst — die erste deutsche Wohnwagenfabrik entsteht.

Der Falt=Wohnanhänger „Hausdabei“ fand begeisterten Anklang. Es blieb gar nichts anderes übrig, als ihn auch für andere Leute zu bauen. Die Nachfrage stieg immer weiter, man mußte den Serienbau einrichten. Heute wird dieser Typ ins In= und Ausland verkauft und findet überall hohes Lob. Mit diesem Wohnanhänger ist die deutsche Wohnwagenbewegung ins Rollen gekommen. Jetzt rollt sie dahin — lawinengleich.

Das Berger=Werk schafft weitere Wohnwagentypen.

Wenn einmal der tote Punkt beim Publikum überwunden ist, wenn es sich einmal grundsätzlich zu einer Sache bekannt hat, dann wird sein Hunger auch alsbald unersättlich. Dann kommen die Menschen aus nah und fern mit ihren Wünschen und Forderungen. So kamen sie auch zu Sportberger und wollten — wollten vieles — nur wußten sie nie genau, was sie eigentlich wollten. Da haben die einen mal ein Bild eines amerikanischen Trailers, die anderen eines englischen Caravans, die dritten einer französischen Roulotte gesehen — und genau so einen Anhänger wollten sie auch, nur müßte diese Seite ein wenig anders, das Dach etwas gebogener, die Türe vorne, das Fenster dorthin und natürlich darf die ganze Geschichte nichts kosten. Klar wurde uns nur, daß zwar der „Hausdabei“ ein ganz idealer Wohnwagen ist, daß man aber damit allein niemals den vielfältigen Wünschen der zukünftigen Wohnwagenbesitzer gerecht werden konnte, denn diese sind zu verschieden.

Nun — wenn wir schon Wohnwagenfabrik geworden sind, dann wollen wir es auch ganz und gar sein.

Da fuhr ich nun mal in die „Höhle des Löwen“, um zu sehen, wie denn nun drüben in England die Sache mit den Wohnwagen eigentlich sei. Recht genau betrachtete ich alles und mit vielen Anregungen kehrte ich zurück — geladen mit neuen Ideen bis zum Platzen. Da studierte ich die französische und amerikanische Wohnwagenbewegung, da sah ich mir an, was Holland baute, und popelte weiter.

Konstruktion: Berger=„Kajüte“

Dieser mittelgroße Wagentyp ist eine mindestens ebenso originelle Konstruktion in seiner Art wie der „Hausdabei“. Im Fahrzustand ist er etwa gerade so hoch wie ein moderner Zugwagen, im Wohnzustande hebt man sein am Hinterende durch Scharniere angelenktes Dachteil vorne empor und gewinnt damit Stehhöhe für jenen Teil des Wagens (Küche usw.), in dem dies nötig ist. Die Fahreigenschaften dieses größeren Fahrzeuges stehen denen des kleinen Wagens kaum nach bei Verwendung von Zugwagen über 1,5 Liter. Trotz seiner größeren Fahrausmaße bietet er jedoch nur zwei Bettstellen, denn der größere Raum ist zur Schaffung eines größeren Wohnkomforts verwendet. Der Wagen enthält eingebauten Kleiderschrank, Küchenschrank, Waschschrank, Tisch. Die Bettstellen dienen untertags verschmälert als gepolsterte Sitzbänke (bis 6 Personen). Das Aufklappen des Daches dauert auch nur 2 bis 3 Sekunden. Bei warmem Wetter lassen sich die Segeltuchstreifen, die zwischen erhöhtem Dach und dem Wagenunterteil vorhanden sind, teilweise oder ganz entfernen, bei sehr kaltem Wetter kann man auch mit geschlossenem Deckel sitzen und schlafen, so daß man in diesem Falle von einer vollständig aus Holz erbauten Kajüte umgeben ist, die von der brennenden Lampe oder dem Kocher in wenigen Minuten warm geheizt ist. Hat man für den schlimmsten Fall noch eine Heizsonne an Bord, dann ist aber auch alles in Ordnung. Eingebauter Küchenschrank mit Waschschüssel, Wassertank, eingebauter Kleiderschrank, etwa 90 cm hoch, zwei eingebaute Betten, 185 × 60, mit zwei Elastikwoll=Matratzen und zwei Elastikwoll=Kopfpolstern, eingebauter Klapptisch, zwei zu öffnende Klappfenster, zwei geschlossene Fenster, Tür mit Schloß und Briefkasten, Fußboden linoleumbelegt.

Technische Daten:

Gewicht	etwa 280 kg
Länge	2,90 m
Bordhöhe	1,00 m
Größte Höhe innen	1,80 m

Berger=„Kajüte“ in Fahrt mit geschlossenem Dachdeckel

Lichtbild: Hans Berger

Berger-„Kajüte" in Wohnstellung mit hochgestelltem Dach und abgenommenen oberen Zeltwänden

Lichtbilder: Hans Berger

Konstruktion: Berger „Groß-Karawane“

So sehr die „Kajüte“ meine persönlichen Ansprüche befriedigte, so neugierig blieb ich doch auf unseren ersten wirklich großen Wagen, der so werden sollte, wie die amerikanisch-englischen Anhänger sind. Man mußte alles erst einmal selbst ausprobieren, um mitreden zu können.

Offengestanden, mir graute vor dem Nachziehen eines so riesigen „Elefanten“, ich dachte an meine Bergstraßen-Fahrten, dachte an die inzwischen historisch gewordene Gotthard-Bezwingung — na, man wird ja sehen.

So baute ich also einen Wagen voller Komfort. Vier Betten extraweich gefedert, je zwei und zwei voneinander getrennt, damit die eine Partei schlafen, die andere aber noch aufbleiben und lesen konnte, große Küche, großen Kleiderschrank, Wäschefächer, Klapptisch, Kistchen und Kästchen, fließendes Wasser, elektrisches Licht, große Fenster, isoliertes Dach usw.

Die Form mußte windschnittig werden, trotzdem volle Stehhöhe aufweisen, es galt wiederum hundert und tausend Einzelheiten zu überlegen, zu bauen, umzuändern, um alles so praktisch und einfach zu haben, wie man es in den englisch-amerikanischen Wagen hat.

Eines schönen Tages war denn auch dieses Großfahrzeug fertig. Es gab wieder eine Überraschung, weil der verhältnismäßig kleine (1700 ccm) Zugwagen (Adler-Trumpf) den „Elefanten“ spielend leicht hinter sich herzog, ja es damit sogar auf ein Höchsttempo von etwa 70-km/std. brachte, ohne daß der Elefant wild wurde.

Das Wohnen in diesem Anhänger war wirklich fein; wir, die wir mit dem Zelt groß geworden waren, glaubten in einem Schloß zu Gaste zu sein; wir ahnten, daß uns nunmehr unsere Freunde, die zünftigen Zeltwanderer, scheel ansehen würden ob unseres Protzentums. Nein, die Sache kam anders. Es kam etwas, mit dem wir nicht rechneten. Das liebe, ach so neugierige Publikum kam. Wo wir auch nur für einen Augenblick anhielten, da bildete sich sofort ein Kreis von Menschen und drückte Nasen und Finger an die blitzblanken Scheiben des Wagens. Da ging ein Wundern durch die Masse, da entdeckte einer die Betten, der andere die Küche, der dritte den Schrank, der vierte jubelte, als er den Lautsprecher sah, der fünfte vermutete Nachttopf und Badewanne noch irgendwo. Da wurden Witze gerissen — und was für bärtige — alles in allem aber ergab, daß das für Deutschland etwa der Wagentyp ist, den der deutsche Autowanderer schon lange suchte.

Ich stellte daher diesen Wagen einmal 14 Tage lang auf Münchens belebtem Karlsplatz auf. Was ich da zu hören bekam, das geht auf keine Kuhhaut. Anerkennung, Ablehnung folgten kunterbunt durcheinander, die Anerkennenden waren aber die mehreren.

Ich wäre ein schlechter Kaufmann, wenn ich nicht die aus dem ersten Bau gewonnenen Erfahrungen zu den Publikumswünschen hinzugenommen und ein Bauprogramm für mein Werk daraus gemacht hätte.

Die serienmäßige spätere Aus=führung der „Groß=Karawane"

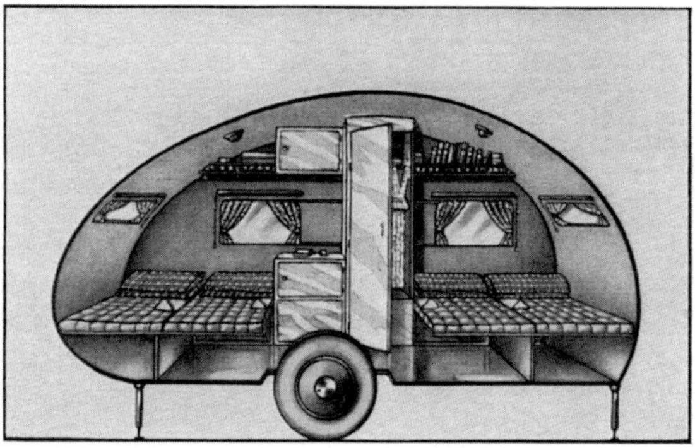

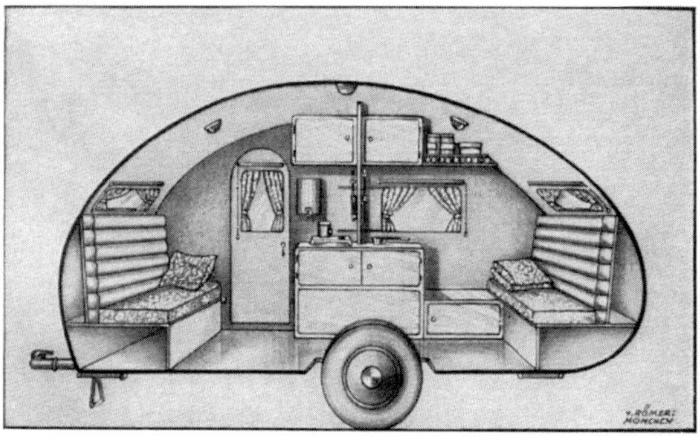

Einblick in das Innere der Konstruktion „Groß=Karawane"

Werkaufnahmen

Konstruktion: „Groß-Karawane“

Technische Daten:

Gewicht	650 kg
Länge über alles beim Fahren	4,60 m
Länge über alles beim Wohnen	4,60 m
Größte Breite beim Fahren	1,83 m
Größte Breite beim Wohnen	1,83 m
Größte Höhe beim Fahren	2,35 m
Größte Höhe beim Wohnen	2,35 m
Größte Innenlänge	4,00 m
Größte Innenbreite	1,82 m
Größte Innenhöhe	1,82 m
Geeignet für Zugwagen von Zylinderinhalt	ab 2300 ccm
Höchstmögliche Schlafplatzzahl	5—6

Ein Zeltvordach ist im Sommer ideal — *Lichtbild: Hans Berger*

Am schönsten ist immer ein Parkplatz am Wasser — *Lichtbilder: Hans Berger*

Konstruktion: Berger „Karawane“

Als es sich zeigte, daß die Form und Einrichtung der großen „Karawane“ richtig war, die meisten Käufer das Ganze jedoch etwas kleiner wünschten, in der Hauptsache mit zwei Betten, höchstens drei und ausnahmsweise einmal auch mit vier, wurden einige Versuchswagen hergestellt, woraus sich dann die kleinere „Karawane“ entwickelte.
Die technischen Daten dieses Voll=Wohnwagens zeigt die auf Seite 40 aufgeführte Tabelle, die Innenausstattung machen die aufgeschnittenen Darstellungen ersichtlich: Dieser Wagen war vor allem als Zweibettwagen gedacht, ein drittes Bett kann mit wenigen Handgriffen zwischen die zwei Querbetten der Länge nach auf die gleiche Höhe angebracht werden und dient untertags als Rückenlehne auf dem hinteren Sitz. Schließlich ging ich noch dazu über, eine solche Rückenlehne nicht nur hinten, sondern auch vorne anzubringen, sie oben mittels Scharnier aufzuhängen. Damit war es möglich, diese beiden Rückenlehnen nachts einfach hochzuklappen und Oberbetten wie bei der Mitropa waren geschaffen. Nun hatten also 4 Personen Schlafplatz und der Platz für das ursprünglich dritte Bett, also der Platz der Länge nach, war immer noch frei für ein fünftes Bett. Damit sanken die Aussichten des Typs „Groß=Karawane“, denn nun hatten ja auch im kleineren Wagen vier Leute bequeme Betten.
Heute rollen vom Typ „Karawane“ eine große Anzahl durchs Land. Der Anhänger wird sowohl von Besitzern des Opel P 4 wie von Leuten des Ford V 8 gefahren, der eine fährt mit 105 Sachen, der andere mit knapp 60. Das erstere ist für das Anhänger=fahren überhaupt des Guten zuviel, das letztere ist eine Leistung, die dem Opel zur Ehre gereicht. Es hat sich gezeigt, daß ein Zugwagen von 2000 ccm Zylinderinhalt für alle in Deutschland vorkommenden Steigungsverhältnisse für die „Karawane“ das richtige ist, wenngleich es schließlich ein kleinerer Zugwagen auch schafft. Es muß immer be=rücksichtigt werden, daß Wohnwagenfahren zugleich Langstreckenfahren ist, zudem wird vorwiegend im Hochsommer die große Urlaubsreise gefahren, wo es der Motor sowieso nicht kühl hat.

Das Berger=Werk mit einer Serie von „Karawanen“ *Werkaufnahme*

„Karawane"
auf großer Ferienfahrt

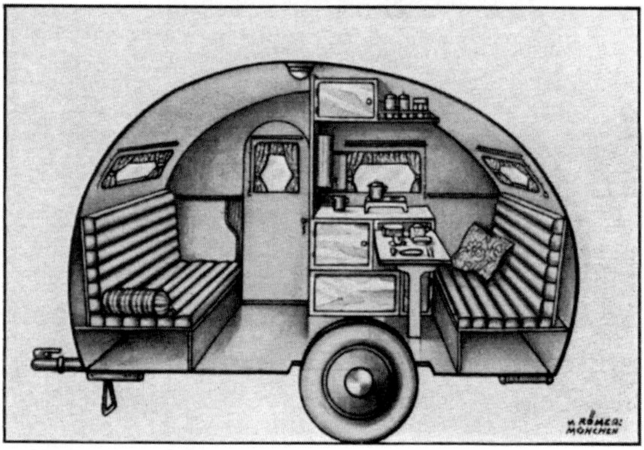

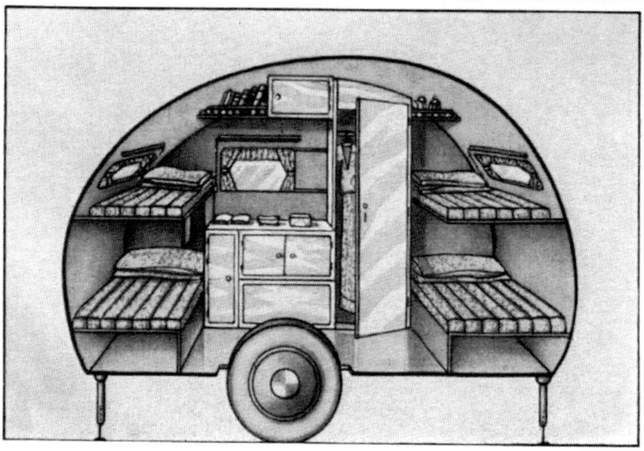

Einblick in das Innere der
älteren Ausführung der „Karawane"

Werkaufnahmen

Konstruktion: „Karawane"

Technische Daten:

Gewicht	430 kg
Reifenmaße	4,5×16
Länge über alles beim Fahren	3,90 m
Länge über alles beim Wohnen	3.90 m
Größte Breite beim Fahren	1,83 m
Größte Breite beim Wohnen	1,83 m
Größte Höhe beim Fahren	2,19 m
Größte Höhe beim Wohnen	2,19 m
Größte Innenlänge	3,30 m
Größte Innenbreite	1,82 m
Größte Innenhöhe	1,82 m
Normal vorgesehene Schlafplatzzahl	2—3
Höchstmögliche Schlafplatzzahl	4—5

Frau und Tochter bereiten das Mahl

Klein=Gretl's Erwachen im Wohnwagen

Lichtbilder:
Hans Berger

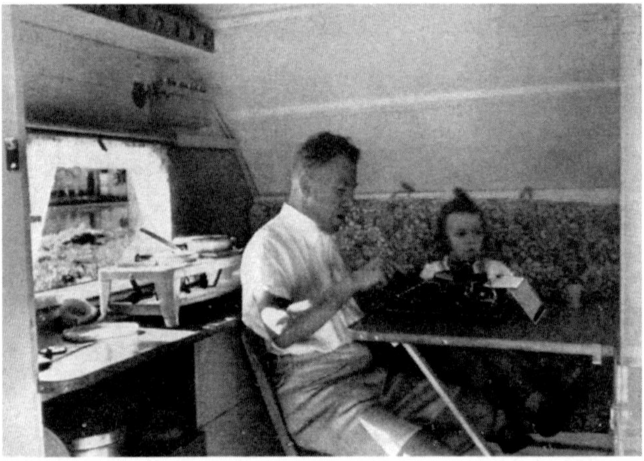

Der Verfasser schreibt in einer „Karawane" an diesem Buch

Eine Mußestunde

Nach Abnehmen eines Deckels, der gleichzeitig ein Servierbrett darstellt, wird der Kochherd freigelegt

Als Herd dient ein zweiflammiger „Primus" Benzingas=Kocher

Die beiden hinteren Betten: In Tages=stellung, Oberbett dient als Rücklehne

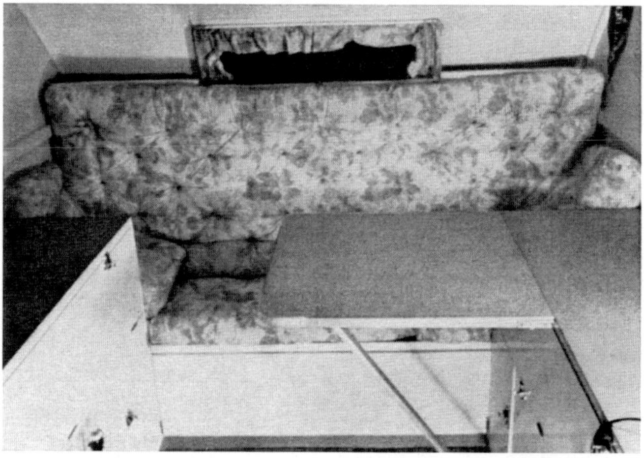

wie oben: In Nachtstellung

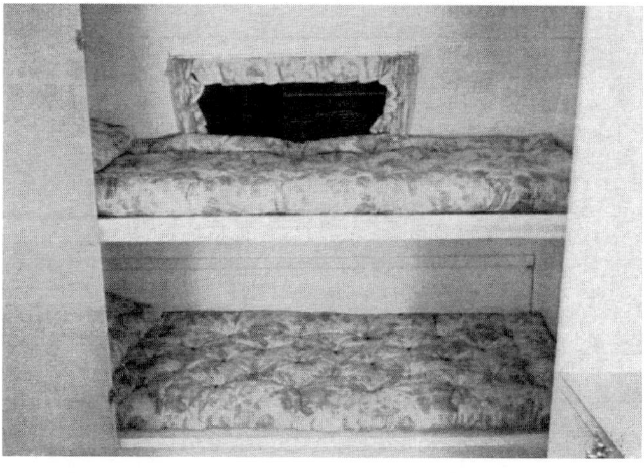

Lichtbilder: Hans Berger

Die Gründerzeit beginnt.

Als die Wohnwagen=Dinge in Deutschland so weit gediehen waren, da begann der Run. Viele Besucher der Autoschau faßten den Gedanken „auch was“ zu machen, sei es für sich selbst, sei es zu Erwerbszwecken. Gewiß mag der eine oder andere schon länger mit dem Gedanken gespielt haben, gewiß waren vor der Ausstellung schon eine Reihe von Konstruktionen entwickelt worden. Auch auf der Ausstellung waren neben den Sport=berger=Wagen weitere drei Fabrikate vertreten, ein „Westfalia“=Großwohnwagen nach englischer Art, ein Budich=Erzeugnis namens „Landjacht“ und andere, aber alles in allem, die Ausstellung regte gar viele an, nun auch unter die Gilde der Wohnwagen=bauer zu gehen. Möge sie eine neue ehrsame Gilde werden. Möge sich jeder, der den Wohnwagenbau aufnimmt, bewußt bleiben, daß er eine hohe Verantwortung zu über=nehmen, viel Lehrgeld zu bezahlen hat und daß auch hier die Bäume nicht in den Himmel wachsen werden. Viele, die heute im ersten Eifer sich der Sache zuwenden, werden ebenso schnell wieder von der Bildfläche verschwinden, sie werden zuerst große Sprüche klopfen, den Markt verderben und dann sich anderen einträglicheren Dingen zuwenden. Diejenigen aber, die den Wohnwagenbau als Herzenssache betreiben, die werden bestehen und die Kernzellen einer kommenden deutschen Wohnanhänger=industrie bilden. Wohlan ans Werk!

Das Welttreffen der Zeltler.
Der Kongreß der Internationalen Federation of Camping Clubs in Wiesbaden=Biebrich 1937.

Einen weiteren bedeutsamen Auftrieb erhielt die deutsche Autozelt= und Wohnwagen=bewegung durch das Welttreffen in Wiesbaden. Es sind 16 Nationen in einer Federation of Camping Clubs zusammengeschlossen. Alljährlich findet ein Kongreß statt. Paris, Brüssel, Barcelona waren bereits an der Reihe. Diesmal war Deutschland daran. Der Biebricher Schloßpark schluckte eines Tages Tausende von Gästen, die mit Booten und Fahrrädern, zu Fuß und zu Auto aus aller Herren Länder kamen und in einem Tage eine Stadt erbauten, wie man sie im Reiche noch nie gesehen hatte, eine Zelt= und Wohn=wagenstadt mit rund 3000 Personen als Einwohner. Da kamen die Engländer und Fran=zosen massenhaft mit Wohnwagen, da kamen Holländer und Belgier, da waren Schwe=den und Schweizer und siehe da — da waren auch schon eine ganze Menge deutscher Wohnwagen, wiederum mehr, als die Veranstalter erwartet hatten. Zahlenmäßig am meisten von einer Wohnwagentype waren die Berger=Typen „Karawane“ vertreten. dann folgte die Type „Hausdabei“, dann kamen die Engländer mit den Typen „Win=chester“ und „Eccles“, die Franzosen mit der Type „Stella“ und schließlich noch eine Menge deutscher und ausländischer Konstruktionen in je einem Exemplar, so zum Beispiel der englische „Rice=Caravan“, eine französische Kopie davon, der deutsche Typ Reiser=Breslau, Noering=München, Schweikert=Ebingen, ein Küchenzelt=Anhänger aus Ludwigshafen, sowie eine Reihe von mehr oder weniger gut gemeinten, leider unge=konnten Selbstbauten, die dem Gedanken des Wohnwagenbaues eher ab= als zuträglich sein werden. Aber es ist noch kein Meister vom Himmel gefallen und wenn ich an meinen ersten Bau denke, dann sei allen ohne Ausnahme verziehen.

Diese Veranstaltung hat der deutschen Wohnwagenbewegung neuen Auftrieb gegeben. Anschließend fuhren viele ausländische und deutsche Wohnwagen in den Schwarzwald, nach Süddeutschland und sonstigen Teilen des Reiches und trugen die Idee damit in weitere Kreise.

Das deutsche Lager anläßlich des Weltkongresses der Int. Federation of Camping Clubs (I.F.C.C.) im Schloßpark von Wiesbaden-Biebrich 1937 Lichtbild: Theo Rockenfeller

Die englische Gruppe im Wiesbadener Lager Lichtbild: Hans Berger

Wohnwagen-Anhänger Dipl.-Ing. Noering

Als einer der ersten mir bekannt gewordenen deutschen Wohnwagen, der auch ästhetisch befriedigende Außenformen aufwies, also eine Harmonie mit den windschnittigen Formen des modernen Automobils bildet, sei hier die Konstruktion von Dipl.-Ing. Jürgen Noering vorgeführt.
Es handelt sich um einen Anhänger für zwei bis drei Liegeplätze, in der Längsrichtung angeordnet. Die Liegepolster werden untertags hochgeklappt und dienen dann als Rükkenlehnen der beiderseitigen Sitzbänke, zwischen die man einen Schwenktisch hochzieht und mit einem Bein feststellt. An der Türe ist der Kleiderschrank angebaut. Besonders bemerkenswert ist noch, daß das Tageslicht nicht durch Fenster, wie meist üblich, hereinkann, sondern durch eine besondere Art von Oberlicht-Fenster. Über dem Mittelgang des Wagens läßt sich ein Stück Dach, das an einem Ende mit Scharnier am Wagen befestigt ist, schräg hochstellen. An diesem Dachstück sind nun zwei lange Zelluloidscheiben so angebracht, daß sie die Seitenwände dieses Dachstückes bilden und genügend Licht einlassen. Im Fahrzustande wird das Dachstück niedergelassen, die langen Zelluloidseitenwände biegen sich wulstartig nach außen, der Wagen ist also niedriger geworden für den Transport.

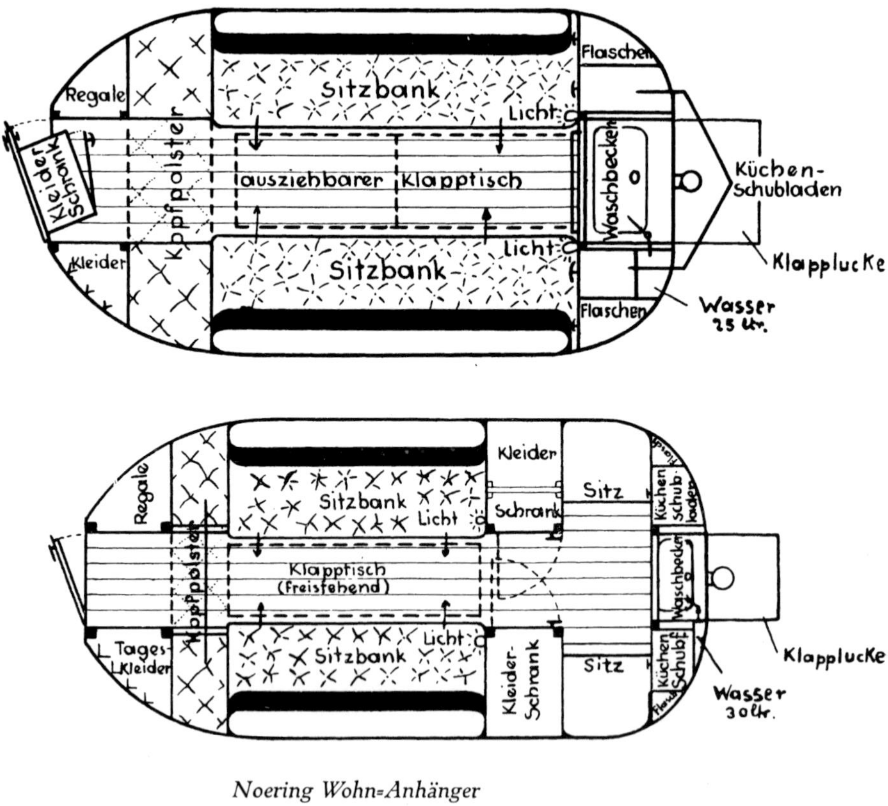

Noering Wohn-Anhänger

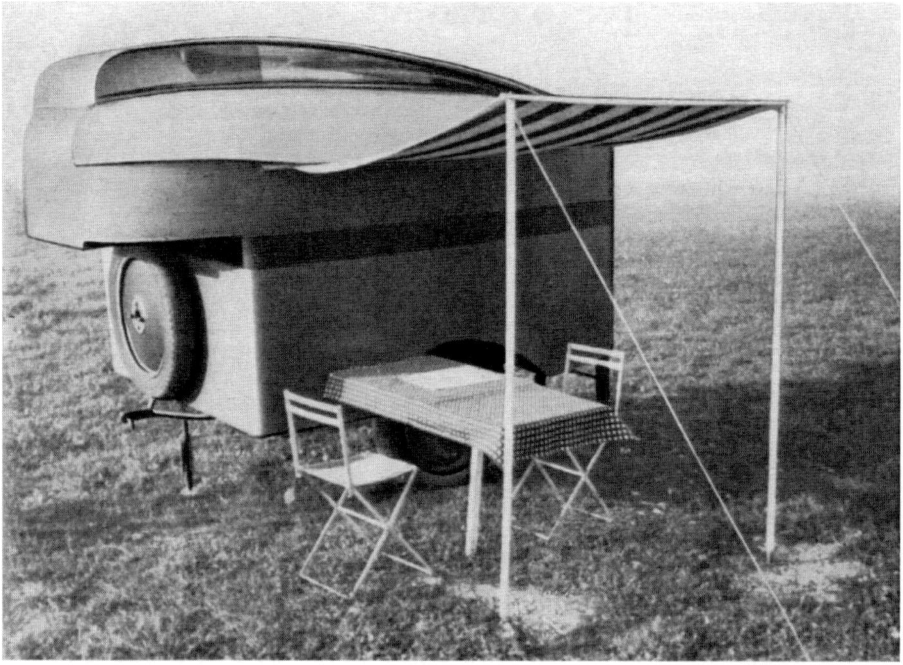

Noering-Anhänger — *Lichtbild: Hans Berger*

Konstruktion: „Dromos"-Wochenendanhänger

Ebenfalls ein Zeltwagen, ähnlich wie der „Wandervogel", jedoch einfacher, mit einem markisenartig gestreiften Zelt, Matratzen, Stuhlgarnitur. Größe etwa 2,10 m lang, 1,10 m breit, Seitenwände 0,50 m, rechte Seitenwand und Rückwand zum Abklappen, für 600 kg Tragkraft berechnet. Nähere Angaben nicht bekannt.

Konstruktion: D.C.-Anhänger-Gesellschaft

Genauere Angaben über diese im Jahre 1935 gebaute Konstruktion nicht bekannt. Anscheinend Voll-Wohnwagen, Länge 3,80 m, Breite 1,80 m, Höhe 1,80 m, Bereifung 5,50/16, Spurweite 1,40 m.

Konstruktion: „Kurier"-Wohnanhänger, Berlin

Ein Voll-Wohnwagen auf Schwingachs-Fahrgestell mit leichtem Aufbau, für zwei Betten eingerichtet und ausgerüstet mit Kissen, Decken, Betten, Kochherd, Klapptisch usw. Die Zeitschrift „Motor und Sport" brachte im XIII. Jahrgang, Heft 25, einige Abbildungen dieses Wagens. Weiteres ist darüber nicht bekannt.

Konstruktion: Kali „Wohnbus"

Ein Voll=Wohnwagen mit zweckmäßig eingebauter Inneneinrichtung, zwei bis vier Betten, jeweils zwei übereinander angeordnet, Kleiderschrank, Wäscheschrank, Eisschrank, Schubfächer, Truhe, abnehmbarem Wasserbehälter für 20 Liter, elektrischer Deckenbeleuchtung, Stecker für Nachttischlampen, Linoleumfußboden, glatten Naturholzinnenwänden, Deckenentlüftung, 6 nach außen zu öffnenden Fenstern, durch Vorhang kann Küche und Schlafraum voneinander getrennt gehalten werden.

Technische Daten:

Gewicht	475 kg
Reifen	4,50 × 17
Länge	3,25 m
Breite	1,70 m
Betten	1,90 × 0,75 m
4 Stützen	

Werkaufnahme

Selbstbau: Ingenieur Frankenstein

Es ist ein gutes Zeichen für die Wohnwagenbewegung, daß sich Bastler an den Bau von Wohnwagenanhängern heranwagen, jede junge aufstrebende Bewegung kennt die „Bastlerzeit“, schließlich waren ja die ersten Autobauer, Papa Benz, Gottlieb Daimler, Ing. Wolfmüller usw. auch nichts anderes als Bastler ihrer Zeit. Mit zu den allerersten deutschen Wohnwagenbastlern kann man auch Ing. Frankenstein zählen. Seinen Anhänger kann ich nachstehend im Bilde zeigen.

Lichtbild: Hans Berger

Konstruktion: „Budich-Wandervogel“

Bei dem „Wandervogel“ handelt es sich wieder um den Typ eines Zeltwagens. Ein kleiner kastenartiger Anhänger enthält die gesamte an Ort und Stelle dann aufzubauende Zeltausrüstung. Der eigentliche Wagen ergibt den Mittelteil des Wohnbaues, der Deckel des Wagenkastens wird als Mitteldach verwendet. Die Bettmatratzenböden klappt man seitlich heraus und über das ganze errichtet man ein entsprechend geformtes Zelt, das für 2—4 Personen Schlafplätze bietet.

Technische Daten:

Gewicht einschließlich Wochenendausrüstung	230 kg
Zulässige Belastung	250 kg
Länge des Wagenkastens	etwa 2,00 m
Breite des Wagenkastens	etwa 1,15 m
Bordwandhöhe	etwa 0,50 m
Größe der einzelnen Betten	etwa 1,85 × 0,88 m
Grundfläche des Zeltes entfaltet	etwa 3,70 × 2,00 m
Stehhöhe im Innern	etwa 1,80 m

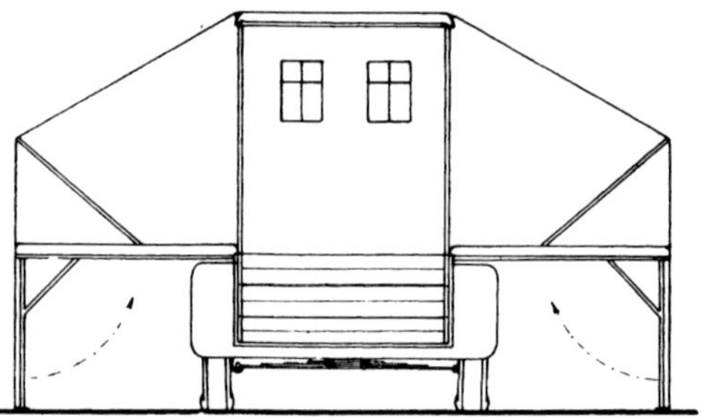

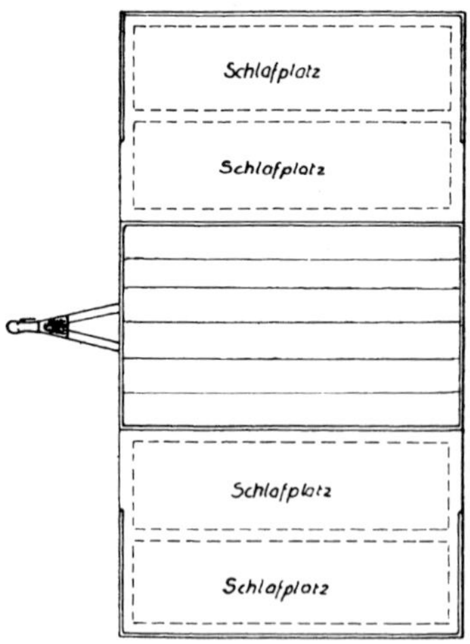

Konstruktion: „Budich-Landjacht“

Ist nach dem Vorbild der in Amerika und England verbreiteten Wohnwagen-Anhänger entwickelt worden. Wie die Grund- und Aufrißzeichnungen erkennen lassen, verfügt die Landjacht über 4 bequeme Patent-Betten, die in der Tagesstellung weich gepolsterte Sitzgelegenheiten für 6 Personen sind. Ferner ist ein verstellbarer Tisch, ein Nachttisch mit Waschbecken, 4 Wassertanks, Kleiderschrank, ein zweiflammiger Kocher, Anrichte, Eisschrank, Spülbecken, 3 elektrische Deckenlampen vorhanden.

Technische Daten:

Gewicht des Anhängers einschließlich Ausrüstung	etwa 550 kg
Länge	3,90 m plus 75 cm Kupplungsdeichsel
Breite	1,75 m
Größte Innenhöhe	1,85 m
Außenhöhe	2,20 m
Bereifung	5,50 × 17

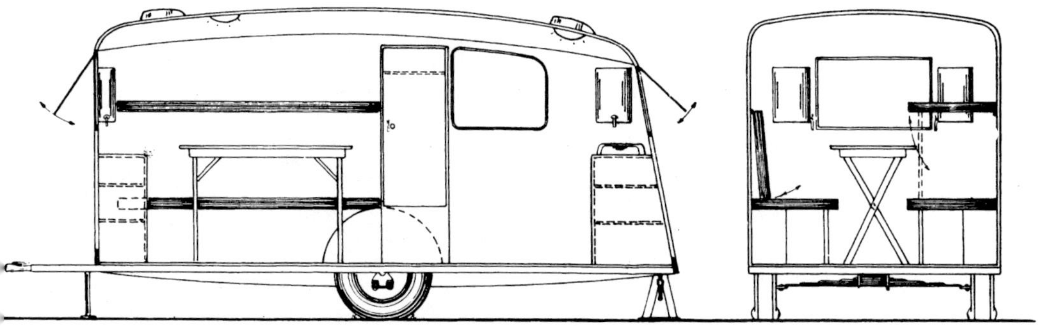

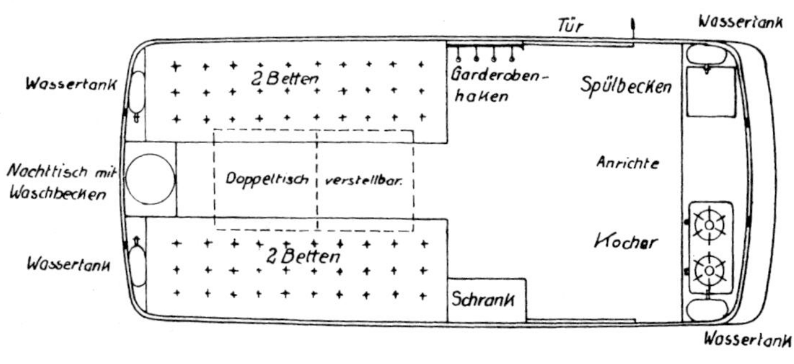

Konstruktion: „Kleiner Dethleffs"

Der Erbauer dieses Typs, der selbst schon seit 5 Jahren große Reisen mit einem Wohnanhänger durchführt, nahm wiederum die Forderung auf, ein Fahrzeug zu bauen, das zur Fahrt niedrig sei und trotzdem zum Wohnen volle Stehhöhe im Wageninnern biete. Es ist hier in der Weise gelöst, daß der Wagen auch mit geschlossenem Dach bei bequemer Sitzhöhe bewohnbar ist. Zwei Seitenfenster und ein kleines Heckfenster sorgen in diesem Fall für genügende Beleuchtung. — Wird das Dach hochgestellt, erscheinen damit zugleich zwei großformatige Fenster an Bug und Heck. Die oberen Seitenwandflächen werden mit gedoppelten Segeltuchbahnen geschlossen, gewähren eine ausreichende Entlüftungsmöglichkeit und sichern angenehme Innenraumtemperatur. — Vier Sofasitzplätze um den Eßtisch, der in die Fensterbank mündet, geben dem Raum Behaglichkeit. Die Schränke mit eingebautem Wassertank und Waschbecken sind in der Bugwand vereinigt. Truhen und Bettenstauraum. Zum Schlafen bietet dieser Typ Platz für 2—3 Erwachsene (Doppelbett 195×150 cm) und 1 Kind (Kinderbett 148×60 cm). Die Karosserie, die auch im Grundriß sich der Stromform nähert, besteht aus einem Hartholzgerippe mit doppelwandiger Verkleidung und ist auf ein Stahlrohrfahrgestell mit Schwingradfederung montiert.

Technische Daten:

Karosserielänge	3,25 m
Größte Breite	1,60 m
Größte Breite während der Fahrt	1,85 m
Bodenfreiheit	0,24 m
Innenraumhöhe	1,95 m
Gewicht	450 kg

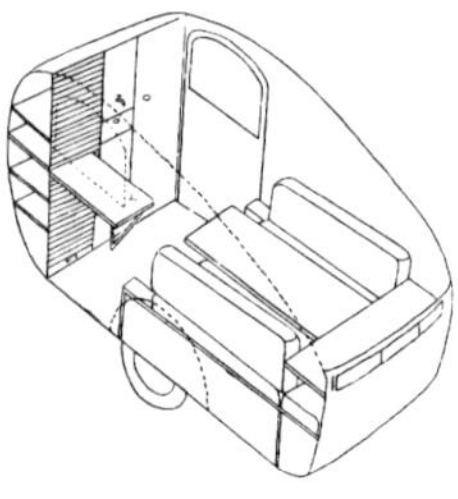

Konstruktion: „Immer Daheim"

Hier handelt es sich um ein Württemberger Fabrikat, wieder einmal um einen halb faltbaren Wagen, mit dem Bestreben, die mangelnde Stehhöhe durch Hochstellen des Daches zu schaffen, wie wir es weiter vorne beim Typ „Kajüte" bereits gesehen haben. Es ist eigentümlich, daß Erstkonstruktionen fast immer diesen Weg beschreiten. Man hat in Deutschland zuerst eine gewisse Scheu vor dem größeren Voll-Wohnwagen, man glaubt, er sei zu groß, zu hoch, zu breit, zu schwer und bemüht sich auf alle möglichen Arten, im Fahren klein — im Wohnen größer zu sein. Bei diesen aufklappbaren Deckeln ist jedoch die Abdichtung gegen Regenwasser nicht so einfach wie es erscheint und vor allem verteuern solche Klappgeschichten das Fahrzeug nicht unbedeutend. Wie dem auch sei, jeder möge auf seine Art selig werden.

Technische Daten:	Normalmodell	Kleineres Modell
Gewicht	500 kg	etwa 350 kg
Reifen	4,50 × 17	
Länge mit Deichsel	3,50 m	2,80 m
Breite	1,66 m	1,52 m
Größte Außenhöhe	2,00 m	1,90 m
Innenhöhe in Fahrt	1,63 m	1,55 m
Innenhöhe im Stand	2,00 m	1,85 m

Geschlossener Dachdeckel

Geöffneter Dachdeckel

Konstruktion DWA.

Diese Firma bringt auch einen Anhängertyp mit hochstellbarem Deckel in zwei Modellen auf den Markt und geht noch einen Schritt weiter, indem sie auch einen kleinen Teil des Bodenraumes nach unten absenkt. Auch hier liegt der Gedanke zugrunde einen im Fahren niedrigen, im Wohnen hohen Anhänger zu schaffen. Die Matratzen liegen direkt auf dem Wagenboden, sie dienen gleichzeitig als Sitz, wobei man die Füße in die Absenkung gibt. Der Wohnraum ist dadurch etwas sehr knapp, so daß es sich hier mehr um einen Schlaf- als um einen Wohnanhänger handelt.

Technische Daten:

	für Kleinwagen	für mittlere Wagen
Länge	2,50 m	3,00 m
Breite	1,50 m	1,70 m
Höhe in Fahrt	1,50 m	1,75 m
Höhe im Stand	1,85 m	

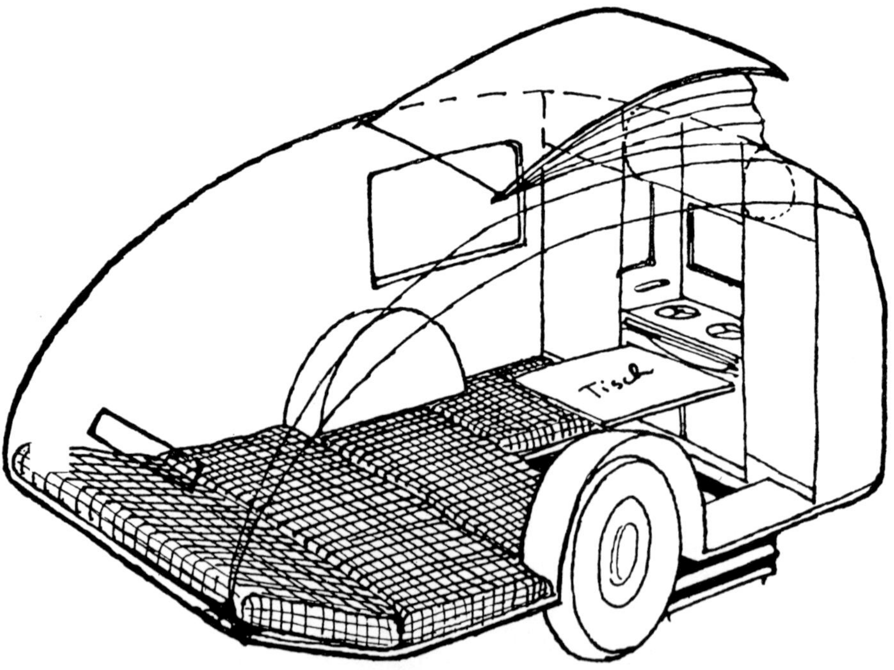

Konstruktion: Peka

Gebaut von einer Firma, die alle möglichen Personenwagenanhänger für gewerbliche Zwecke baut und es nunmehr auch mit einem Wohnwagenanhänger versucht. Eine nette Idee ist, daß der Tisch nachts so gelegt wird, daß er den zwischen den beiden Tagessitzbänken klaffenden Raum abschließt, sodaß die ganze Wagenbreite mit Matratzen belegt werden kann.

Technische Daten:

Gewicht	etwa 390 kg
Länge	3,00 m
Breite	1,50 m
Höhe	1,70 m

2 Sitzbänke über den Radausschnitten, Liegefläche 1,95 × 1,50 m. 2 Fenster. Ohne weitere Innenausbauten. Gewollt einfach ausgestattet als Anhänger für leichte Zugwagen.

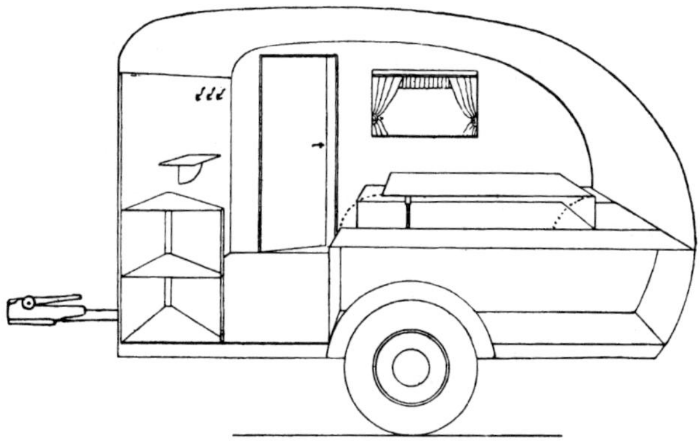

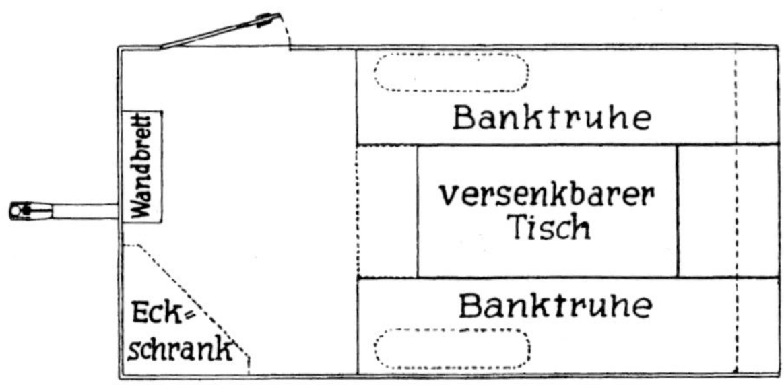

Konstruktion: „Westfalia-Landstreicher"

Der Anhänger ist besser als sein Name. Auf der IAMA. 1938 wurde er als Erstbau gezeigt. Es handelt sich um einen Nachbau eines typisch amerikanischen Trailers. Das Modell „Master" von Covered-Wagon dürfte Pate gestanden sein. Bei einer Länge von 4,5 m ohne Deichsel, einer Breite von 1,92 m und einer Innenhöhe von 1,90 m in doppelwandiger Bauart kommt ein für deutsche Verhältnisse hohes Leergewicht von rund 750 kg zusammen. Bis alle Kästen und Schübe eingeräumt sind, muß mit einem Gesamtgewicht von 900 bis 1000 kg gerechnet werden. Aber Größe und Komfort erfordern Gewicht, da ist nun mal nicht viel dagegen zu machen. 4 Betten, Küche, Fließwasser, Petrolheizung sind in einem solch großen Anhänger selbstverständlich. Erstmals bei einem deutschen Wohnanhänger ist auch ein vorderes Stützrad zum Rangieren ohne Zugwagen, sowie eine Luftdruckbremse vorhanden. Der „Landstreicher" enthält auch eine komplett eingerichtete Küche mit einem zweiflammigen Kochherd. Unterhalb des Herdes wie auch oberhalb befinden sich Schränke zur Unterbringung des Porzellans. Alle Schränke, auch die in der Dachrundung eingebauten Wandschränke, sind verschließbar. Gegenüber der Küche hat der Kleiderschrank und die Toilette Aufstellung gefunden. Der Wasserbehälter hat ein Fassungsvermögen von 80 Liter, die Förderung des Wassers geschieht mittels Luftdruck. Die Toilette wie auch die Kochnische ist durch Isolation von der Wandung des Fahrzeuges getrennt. Die Küche oder die Toilette können in zusammengelegtem Zustande auch als Anrichte benutzt werden. Alles Porzellan und die sonstigen Geräte können festgestellt werden, sodaß Beschädigungen während der Fahrt kaum vorkommen dürften.

Technische Daten:

Gewicht leer	750 kg
Länge ohne Deichsel	4,50 m
Breite	1,92 m
Höhe	2,30 m
Innenhöhe	1,90 m

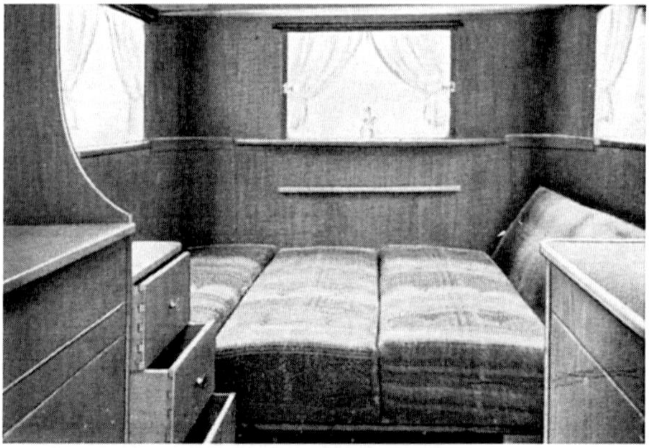

Nachtanordnung im „Landstreicher"

Konstruktion: F.L.H.

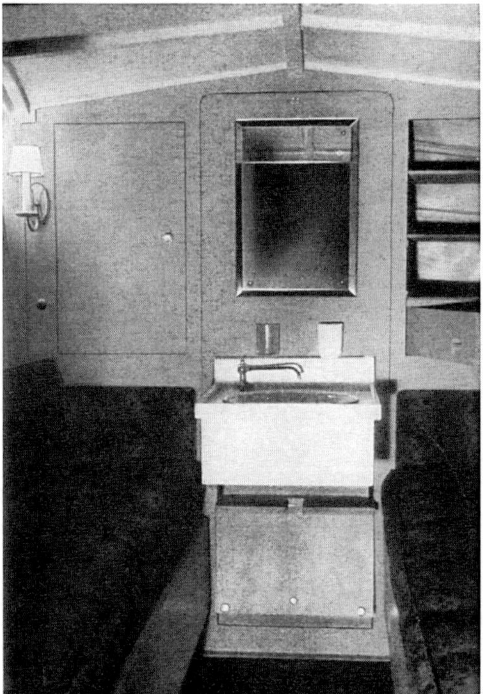

Ein Einachsanhänger mit einem Aufbau, dessen Vorderseite ziemlich senkrecht, dessen Endseite schräg nach unten ausläuft. Zwei Betten, die untertags als Sitzbänke zu gebrauchen sind, eine Kücheneinrichtung, Waschtoilette sind versenkbar gebaut. Türe und Wände aus Sperrholz, über einem Buchenholzgerippe. Dach- und Rückseite mit Kunstleder bezogen, Vorder- und Seitenwände lackiert, zwei Fenster.

Technische Daten:

Gewicht	450 kg
Länge mit Deichsel	3,84 m
Breite	1,80 m
Höhe	2,16 m
Innenhöhe	1,95 m
Räder	4,00 × 19

Konstruktion: Berger „Leichtgesell"

Nachdem sich die „Karawane" als beliebter Typ herausentwickelt hat und immer mehr auf allen deutschen Straßen sichtbar wurde, kamen nun die vielen Besitzer kleiner Wagen, all der DKW., der kleinen Opel und Adler und was es da noch alles gibt, und flehten: Und was soll mit uns sein?

Wenn man sie auf den „Hausdabei", den „Wandervogel" und dergl. aufmerksam machte, da zuckten sie meist nur die Achseln, waren beleidigt und wollten a u c h einen „richtiggehenden", also einen Voll-Wohnwagen mit festen Seitenwänden und festem Dach, mit Kleiderschrank und Waschtisch und noch und noch — nur durfte er nicht teuer sein und nicht schwer werden — ja, er mußte geradezu federleicht sein.

Da haben wir nun den Salat. Erst macht man die Leute auf Wohnwagen verrückt und dann sitzt man da und soll zaubern können. Da haben es die englisch-amerikanischen Wohnwagenbauer leichter, dort gibt es erstens keine Kleinwagen und zweitens sehr viel mehr Geld. Es mußte aber auch diese Frage gelöst werden, denn dazu sind Wohnwagenbauer ja da.

Reißbrett und Zeichenstift, Rechenschieber und Kopfgraulen traten in Funktion. Eines schönen Tages ward auch dies geschafft. Es steht ein Wägelchen vor uns, knapp 270 kg im Gewicht, 2,50 m lang, etwas gedrückte Stehhöhe im inneren, sauber und adrett, ohne Luxus, ohne überflüssigen Komfort, der Voll-Anhänger für den typischen deutschen 1-Liter-Wagen. Es wurde über die schlechtesten Straßen gejagt, es wurde auf Berg-

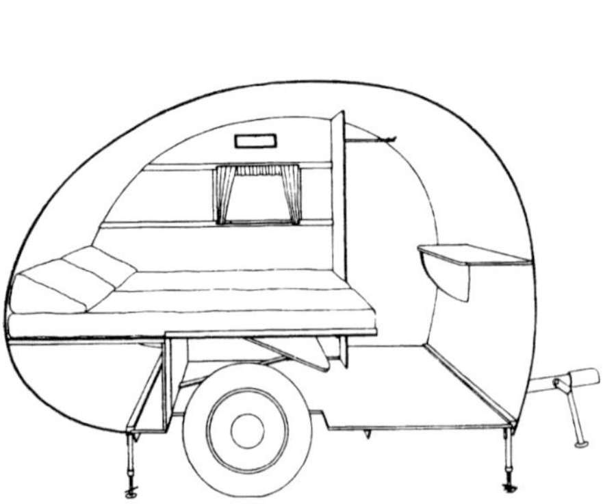

Schlafbereit

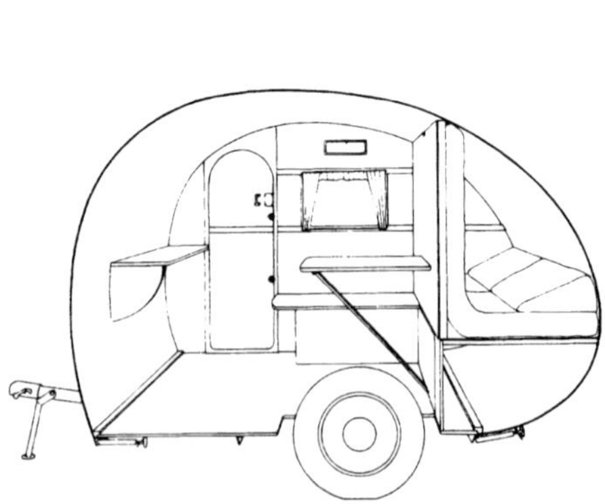

Wohnbereit

straßen hinaufgezogen, es wurde noch ein wenig da und dort zugeschliffen und nun ist es schon wieder eine ganze Weile her, seit die erste Fabrikationsserie anzulaufen begann.

Der Wagen ist eine Leichtkonstruktion bei gewollt beschränktem Raum, der all denen ein gemütliches Heim bieten will, denen der Zeltwagen zu luftig und der normale Wohnwagen zu groß ist, weil sie besondere Rücksicht auf einen leichten Zugwagen nehmen müssen. Er weist alle Vorteile eines ringsum mit festen Wänden versehenen Wohnwagens auf. „Leichtgesell" ist in seiner Art ebenso originell und in seiner Handhabung verblüffend wie der „Hausdabei". Um Platz zu sparen, müssen untertags die Betten verschwinden, und da ist uns wiederum eine sehr glückliche Lösung gelungen. Ein einziger Handgriff genügt, um die Bettpritsche verschwinden zu lassen, während sich gleichzeitig ein Tisch ganz von selbst aufstellt und auch die nötigen Sitzbänke freigibt. Wiederum ein Handgriff, Tisch und Sitze sind fort, dafür ist das Doppelbett wieder da. Der Wagen ist, um wirklich leichtgewichtig und preisniedrig sein zu können, gewollt einfach ausgestattet. Statt eines vollendeten Kleiderschranks und vielerlei Kasteneinbauten mit Türen usw. ist für die Kleideraufhängung durch eine Wand eine Ecke mit Kleiderstange abgeteilt, ein einfacher Bord, auf den man den Kochapparat stellt. Große verdeckte Stauräume sind vorhanden. Durch sein leichtes Gewicht und seine windschlüpfige Form erzielt ein schwacher Zugwagen damit noch beträchtliche Geschwindigkeiten. Unsere Versuche ergaben: Ein 600-ccm-DKW.-Modell 1937 erreicht ohne Anhänger 85 km/st, mit dem „Leichtgesell" angehängt 70 km/st, ein Adler-Trumpf-Modell 1935 ohne Anhänger 100 km/st, mit diesem Anhänger 85 km/st.

Technische Daten:

Gewicht	270 kg
Gesamt-Tragkraft	bis 400 kg
Größte Länge des Fahrzeuges mit Kupplungsrohr	3,20 m
Länge des Stromlinienaufbaues	2,60 m
Größte Breite	1,50 m
Größte Innenhöhe	1,63 m
Gesamthöhe	2,00 m

Nachtraum (Betten herabgeklappt)

Typ „Leichtgesell"

Tagesraum (Betten hochgeklappt)

Ausländische Wohnanhänger.

Nun kommen wir zu den im Auslande erzeugten Fabrikaten. Ich danke bei dieser Gelegenheit allen ausländischen Firmen, die mir Beschreibungen, Abbildungen überließen oder Besichtigungen gestatteten und hoffe, daß sich mein Dank in der Weise auswirken wird, daß dieses Buch beiträgt, den Wohnanhänger-Gedanken in den deutschsprachigen Ländern volkstümlich zu machen, was allen Wohnwagen-Fabriken ja letzten Endes wieder zugute kommt.
Ebenso wie die bisherige Reihenfolge der Konstruktionen keinerlei Rangordnung bedeuten sollte, so soll auch die folgende dies nicht tun. Ich nehme die Konstruktionen, eine nach der anderen, wie sie gerade kommen.
Da ist einmal England, wohl als das Geburtsland des modernen Amateur-Wohnanhängers anzusprechen, wenngleich die Vereinigten Staaten vielleicht den Ruhm für sich in Anspruch nehmen können, die allerersten gewesen zu sein, die den Wohnwagen in großem Stile bei dem Vordringen von der Ostküste nach dem „wilden Westen" verwendet haben, denn was waren denn schließlich die mit Pferden oder Ochsen bespannten großen Planwagen der Siedler, die nach neuem Land auszogen, anderes, als Wohnwagen.
Die Vereinigten Staaten sind heute führend, was die Zahl der Wohnwagen-Fabriken und die Zahl der in Verwendung stehenden Wohnwagen anbelangt. Ende 1936 waren es nach amtlichen Feststellungen an die 250 000 (in Worten: zweihundertfünfzigtausend) Wohnanhänger, die sich im Betriebe befanden.
250 000 Wohnanhänger (Trailers) bedeuten, nachdem sich in jedem Wagen 3—6 Personen aufhalten, daß etwa eine Million Menschen sich praktisch mit dem Wohnwagen befassen, die besondere Wohnwagenbedürfnisse haben. Ich komme später nochmals darauf zurück.
In England ging die Sache nicht mit amerikanischem Tempo, aber mit englischer Zähigkeit voran. Aber auch dort sind es bereits einige Dutzend großer und größter Fabriken, die nichts anderes herstellen als Wohnanhänger, dort „Caravans" genannt. Aus einem Caravan Club wurden bereits mehrere, aus einer Caravan-Zeitschrift deren zweie, das Tempo wird auch hier stürmischer.
Das Typische des englischen Caravans ist, daß seine Innenausstattung bis ins letzte Winkelchen mit Kästchen, Fächern, Schubladen usw. ausgestattet ist, daß jedes einzelne Teilchen, sei es ein Bügeleisen, die Löffel, die Eierbecher, Teller, Tassen, Gläser und all die hundert Dinge, die man so im Haushalt braucht, sauber und sorgfältig irgendwie ihren fest bestimmten Platz haben, daß man alles aufklappen, umlegen, umwandeln

kann. Raumausnutzung bis ins letzte, große breite und demgemäß für deutsche Begriffe überaus schwere Wagen, elegant eingerichtet, edle Hölzer und Furnituren, Spitzendeckchen und Kronlüster.

Das Typische der amerikanischen Wagen ist die Größe — die Amerikaner bauen selbstverständlich die größten Wagen, sie haben ja auch die größten Häuser, wie überhaupt alles, was am größten, schwersten und teuersten ist. Na, da kann man halt nichts machen. Gegenüber den englischen Caravans wirken die amerikanischen Trailers hinsichtlich der Innenausstattung nüchterner, küchenmäßiger oder andere wieder noch luxuriöser, waggonmäßiger, wirkliche fahrende Häuser mit einer ganzen Flucht von Zimmern, nicht zu vergessen die Dienstbotenräume, die zu einem fahrenden Palast so gut nötig sind wie zu einem in der Erde grundierten. 7500 Dollar für so einen Palast auf Rädern ist auch ein schönes Stück Geld und ob sein Besitzer glücklicher als der Besitzer eines gebastelten deutschen Anhängers — ist wieder eine andere Frage.

„Rice"-Faltwagen an einem Motorrad-Gespann

England

Rice Caravans Ltd.

Bei diesem Fabrikat handelt es sich um einen der bekanntesten englischen Falt=Wohn=wagen, also solche Typen, die im Fahrzustand kleiner gepackt sind, als im Wohnzustand. Obwohl auch die Rice=Caravans in erster Linie als Auto=Anhänger in Frage kommen, werden sie drüben aber auch an Motorräder gehängt, wie das Bild auf Seite 63 zeigt. Der untere Teil des Wa=gens ist aus Holz, die Dach=schrägen aus Segeltuch. Das Charakteristische des Rice Caravans ist das seit=liche Ausklappen der Sitz= bzw. Liegestellen, wobei dann der mittlere wieder aus Holz gefertigte Dach=teil sich höher aufschiebt. Der Aufbau geht verhält=nismäßig schnell vor sich. Der Wagen ist in großer Anzahl gebaut worden und hat sich überall, auch in Afrika und anderen Erd=teilen bewährt.

Die „London Caravan Comp.“

Das ist keine Erzeugerfirma, sondern eine Verleihfirma, bei der man sich für Sonntags-, Wochen- oder Urlaubsausflüge Wohnwagen der verschiedensten Fabrikate aussuchen und leihen kann.
Wir zeigen ein Bild vom Parkplatz dieser Verleihfirma, um den Lesern einen Begriff zu geben, in welchem Ausmaß diese Wohnwagenbewegung überm Kanal bereits betrieben wird.
Außer dieser Firma betreiben in ähnlicher Art und Weise ihr Verleihgeschäft auch die Firmen:

Harrington & Comp.
Nomad Caravan Co.
The Northumbrian Caravan Comp.
Wolley Bres.
Yorkshire Caravan & Trailer Co.
U. a. m.

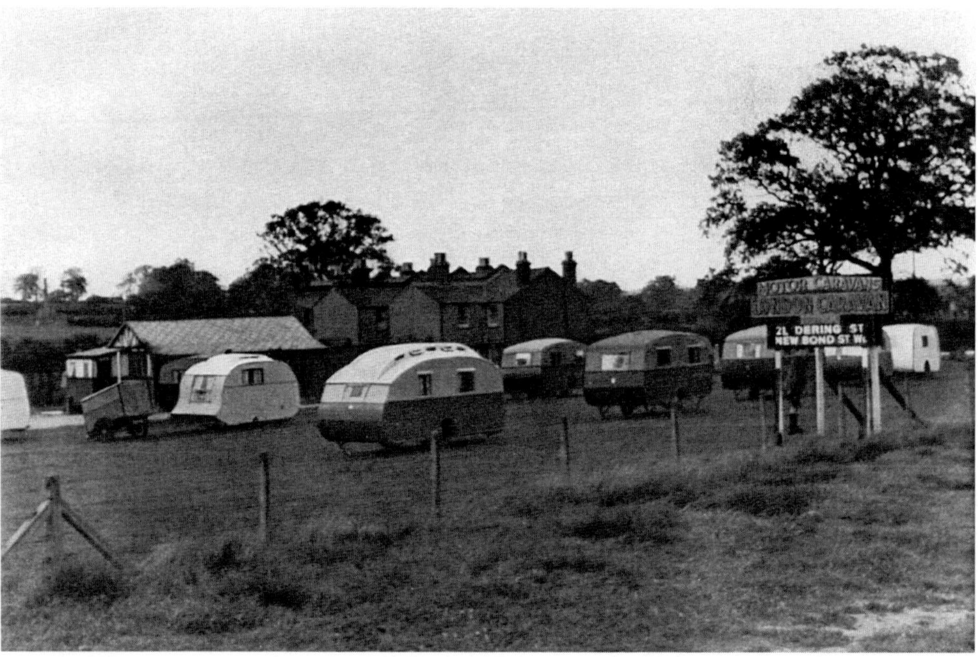

Hier leiht man sich einen passenden Wohnwagen aus — *Lichtbild: Hans Berger*

Car Crusier Caravans Ltd.

Hier zeigen wir einige der modernsten Caravans englischen Stiles, die „Cruisers". Außen windschnittig gebaut, gerade schön zum Anschauen, innen „fürstlich" eingerichtet. Es glänzt nur so von Mahagoni, Chrom und poliertem Messing.

Da sind bis zu 4 Betten im Wagen, 2 Petrolgas=Kochflammen, 2 Milchkannen, Öl=lampen zur Reserve neben der elektrischen Lichtanlage. Selbstverständlich ist auch ein Radio=Empfangsapparat eingebaut, Kleiderschränke und Geschirrkästen, Waschbecken und ein Spültisch für die Hausfrau, Kästchen neben den Betten, Bücherborde, über den Kochstellen Gitter zum Vorwärmen der Teller, große, nach außen zu öffnende Fenster mit geschmackvollen Vorhängen daran. Natürlich fehlt auch das berühmte „Örtchen" nicht und schließlich hebt man am Boden einen Deckel hoch und siehe da, eine Badewanne ist in den Boden versenkt.

Eine übersichtliche Zeichnung zeigt, wie raffiniert jeder Platz ausgenützt ist, wie da ein Schrank und dort ein Kästlein untergebracht wurde und ein Grundriß des ganzen Roll=hauses gibt uns weitere Aufklärung, wie das alles ineinandergeschachtelt ist.

Cruiser baut verschiedene Typen dieser Wagen, sie bewegen sich in Preislagen zwischen 125.— £ und 200.— £.

Technische Daten:

Länge . . . . etwa 15 feet 6 inches
Reifen . . . . 4,50×19
Baumaterial: Oregon pine, Esche und Mahagoni.

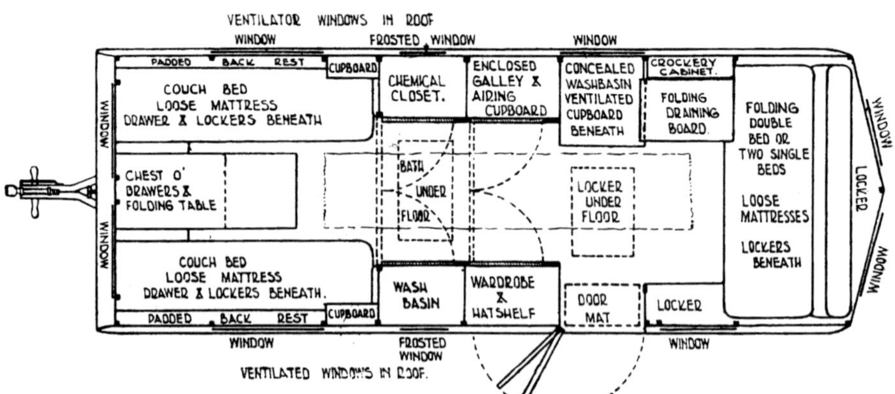

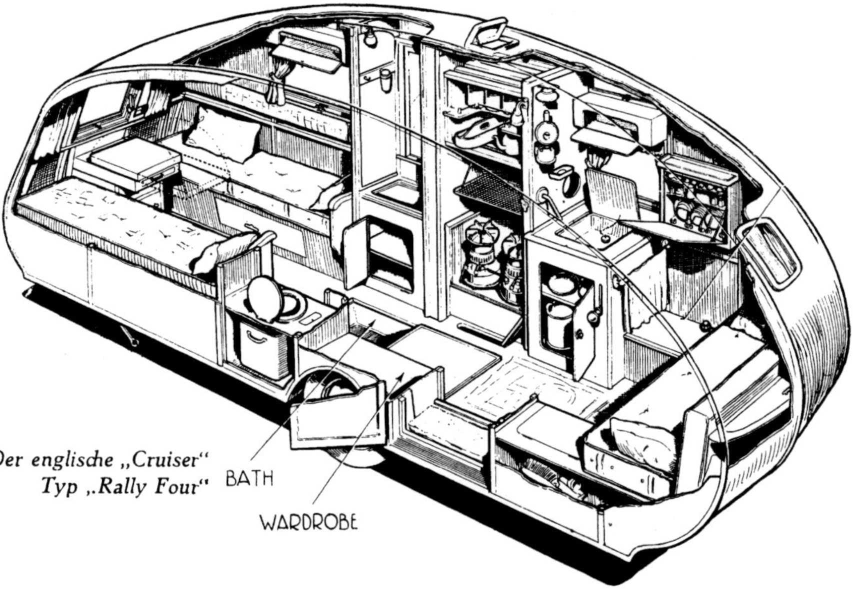

Der englische „Cruiser"
Typ „Rally Four"

Die moderne Linie eines heutigen „Cruiser" neben einem der ersten englischen Wohnwagen für Pferdebetrieb

Lichtbild: „Chronicles"

Eccles Motor Caravans Ltd.

Hier handelt es sich meines Wissens um eine der größten und bekanntesten englischen Wohnwagenfirmen. Ein umfangreiches Fabrikationsprogramm befriedigt die verschiedensten Wünsche in Preislagen von 140.— £ (1750.— RM) bis 550.— £ (6800 .—RM). Eine im Katalog aufgeführte Liste vornehmster englischer Persönlichkeiten (Lord Churchill, Lord Baden Powel of Gilwell, Sir Malcolm Campbell, Prinz Henry de Ligne, H. H. The Maharajah of Travanore usw.) spricht für das Ansehen dieser Fabrikate, die auch viel ins Ausland exportiert werden und beinahe in allen Ländern der Welt zu finden sind.

Die Bezeichnungen der derzeitigen Hauptmodelle der Firma Eccles lauten:

Modell 50	Modell 60	Nymph	Enchantress	Imperial
£ 140.—	£ 175.—	£ 235.—	£ 325 —	£ 530.-

Die Längenmaße bewegen sich zwischen 15 feet 6 inches, 17 feet 6 inches und 18 feet 6 inches, die Breite ist etwa 6 feet 2 inches.

Auch diese Wagen sind natürlich mit allem Komfort ausgerüstet, im Prinzip ähnlich wie wir es vorher bereits in einer Zeichnung gesehen haben und wie die weiterhin beigefügten Bilder zeigen.

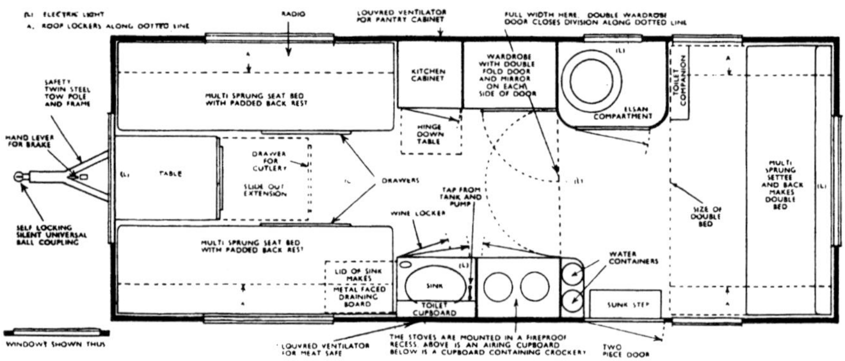

Blick in die Werkstätten der „Eccles"-Erzeugung

Vier „Eccles“ starten zur Sternfahrt nach Monte Carlo

Innenansichten vom „Eccles Typ“:

„Road Nymph“ I

„Road Nymph“ II

Lichtbilder: Logan

Burlingham Caravans

Auch diese große Caravanbau-Firma führt in ihren Werbeschriften 5 Hauptmodelle von 95.— £ bis 275.— £ auf. Bemerkenswert an diesen Modellen ist, daß die Betten, besonders bei den 4-Bett-Modellen, der Breite nach angeordnet sind, was keine übertriebene Länge des Wagens verursacht, jedoch mehr Breite beansprucht. Die Breite dieser Wagen beträgt meist um 6½ feet herum bei Längen von 13 bis 16 feet.

Zwei Bilder zeigen wir, weil diese eine weitere Form von Burlingham Caravans zeigen, die wir bisher noch nicht kennen. Man beachte die ovalen Fenster und den hinteren Einstieg mit der Roll-Schiebetüre nach Art der Rollschranktüren.

Schließlich interessiert noch der Typ „Burlingham Lindale", ein auf Leichtgewicht gebauter 4bettiger Caravan von nur 13 feet Länge, bei dem alle 4 Betten, wie oben erwähnt, in Querrichtung liegen. Die doppelte Kleiderschranktüre schließt je zwei Betten voneinander ab, wobei noch Raum zum Auskleiden vor den Betten bleibt. Der Anhänger kostet 150.— £ und wird für 10-H.P.-Wagen empfohlen.

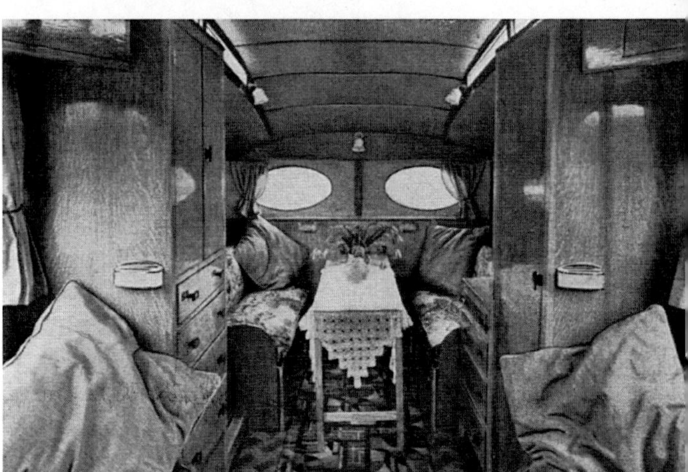

Carawan Typ „Burlingham" mit Rolladentüre und Ausstellfenstern

Innenansicht eines 4=bettigen Burlingham=Anhängers

Raven Caravans

Diese Firma führt den schwarzen Raben als Wappen und reiht sich würdig in die führenden englischen Firmen ein. Einige 15=Fuß=Wagen in üblicher Bauart, Innen=einrichtung geschmackvoll und praktisch wie bei allen englischen Wagen.

Von den „Raven" interessiert jedoch auch ein Typ besonders und zwar der kleinste. Nachdem ich nun mal für kleine zierliche Sächelchen schwärme, so mache ich auch kein Hehl daraus und erkläre, daß mir persönlich dieses „Osterei" namens „Argonette" besonders gut gefällt. Es ist für kleinste Zugwagen gedacht und mißt 9 feet in der Länge, bei einer Höhe über alles von 6 feet 9 inches und einer inneren Höhe von 5 feet 6 inches in der Mitte des Raumes. Zwei Betten mit einem schmalen Zwischengang, eine Kochstelle, rechts davon ein Kleiderschrank, links davon ein Geschirrschrank und unter den Betten ist auch noch Stauraum. Gewicht 6 cwt.

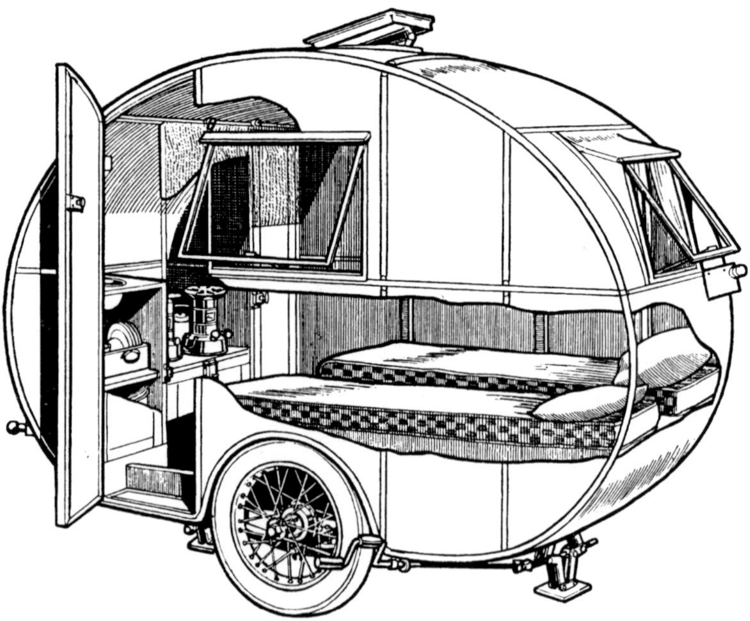

„Winchester"-Caravans

Ein umfangreiches Fabrikationsprogramm weist auch diese Firma auf. 5 Haupttypen in den Längen 13 feet, 15 feet, 16 feet 3 inches und 18 feet und in Preislagen von 190.— £ (2400.— RM) bis 435.— £ (5400.— RM). Die Winchester-Wagen haben eine angenehme Außenform, ebenfalls stromlinienförmig und sind wie bei allen englischen Caravans üblich innen sehr komfortabel ausgestattet.

Einer der modernsten „Winchester"-Anhänger im Wiesbadener Zeltlager

Lichtbild: Hans Berger

Carlight-Carawans

Von Carlight zeigen wir das Luxusmodell „Continental" oder Modell 7 genannt, als Außenansicht, ferner ein anschauliches Inneneinrichtungsbild, das uns hauptsächlich die interessante Kochanlage dieser Wagen zeigt. Es handelt sich hier um einen Kochschrank, der zwei Petrolherde enthält. Der Schrank ist innen mit Blech ausgekleidet, kann in seiner oberen Hälfte geschlossen werden, damit keine Wärmeausstrahlung ins Wageninnere erfolgt. Das ist im Sommer angenehm. Eine Entlüftung nach außen sorgt für Ableitung der Warmluft. Darüber finden wir den Geschirrschrank, darunter die Teller. Links neben dem Heizschrank finden wir die „Besenkammer" und diese enthält wieder in ihrem oberen Teil das Spülbecken, ein mit Blech ausgekleidetes Bassin mit einem Deckel, der im aufgeschlagenen Zustand zum Trocknen der Teller dient. Das ablaufende Wasser fließt gleich wieder ins Spülbecken zurück, weil dieser Deckel etwas schräg gegen das Becken abfällt. Wenn alle Türen geschlossen sind, ahnt ein Uneingeweihter nicht, welche Küchenwunder hinter diesen verborgen stecken.

Technische Daten

Wir führen das ganze Fabrikationsprogramm dieser Firma auf:

	Länge	Gewicht	Preis
Modell 1	10 feet 3 inches	8 cwt	94.— Gns.
Modell 3 Popular	11 feet 6 inches	9¾ cwt	135.— £
Neuer Leicht-4-Better	13 feet	10 cwt	149.— £
Modell 5	15 feet 6 inches	14 cwt	169.— £
Modell 7	17 feet	17 cwt	267.— £
The Century	15 feet	unbekannt	100.— £

Modell 5 wird noch in drei weiteren Abarten, mit doppelten Wänden und ähnlichen Dingen geliefert.

Carlight Carawan – man beachte das vordere Stützrad und die tieferliegende Türe

Carlight Innenansicht der Küche

„Atlas"-Caravans

Die Firma baut eine Reihe üblicher 4-Bett-Wagen und ein kleines 2—3-Bettmodell zu 90.— £ (1100.— RM), für die mehr oder minder auch das in den vorhergenannten Absätzen Gesagte zutrifft, daneben aber ein weiteres Modell, genannt „Atlas Bishop", das konstruktiv besonders interessant ist.

Wie aus dem gezeigten Grundriß dieses Modells hervorgeht, weist der Wagen 2 drehbare Schlaf-Buchten auf, die im Gebrauchszustande über die Seitenbreite des Wagens hinausragen, während sie in der Fahrt ins Innere des Wagens gedreht sind. Diese Seitenbuchten drehen sich um eine vertikale Achse und ermöglichen hierdurch die Aufnahme zweier weiterer Betten, ohne daß die Baulänge oder Breite im Fahrzustande vergrößert zu werden braucht. Der Grundriß zeigt uns, wie nun bei diesem 4-Bett-Fahrzeug der ersparte Platz für die Betten 3 und 4 anderweitig verwendet wurde. Da ist einmal eine Badewanne vorgesehen (oder ein weiteres fünftes Bett?) und ein Klosett. Die Skizze zeigt ferner die fast bei allen größeren Wagen angewendete Art, mittels einer doppelt umzuschlagenden Schranktür den Schlafraum vom Wohnraum abzuschließen.

Die Maße dieses „Atlas Bishop" (der Name kommt wohl von der einer Bischofsmütze ähnlichen Form) gehen aus dem Grundriß hervor. Der Preis in Standardausführung ist 175.— £, in Luxusausführung 275.— £, worunter man zu verstehen hat, daß noch Radio, heißes Wasser und ein Cocktail-Kabinett und andere ähnliche Dinge mit eingebaut sind.

„Cheltenham"-Caravans

Hier finden wir vor allem wieder kleine, leichtere Typen, ein 2-Bett-Modell 26 zu 78.— £ (1000.— RM) bei einer Länge von 10 feet; ein 3-Bett-Modell 36 mit einer Länge von 11 feet 3 inches zu 105.— £, sowie zwei 4-Bett-Modelle 46 bei einer Länge von 15 feet zu 139.— £ bzw. 159.— £ und das letztere Modell mit doppelten Wänden zu 175.— £.

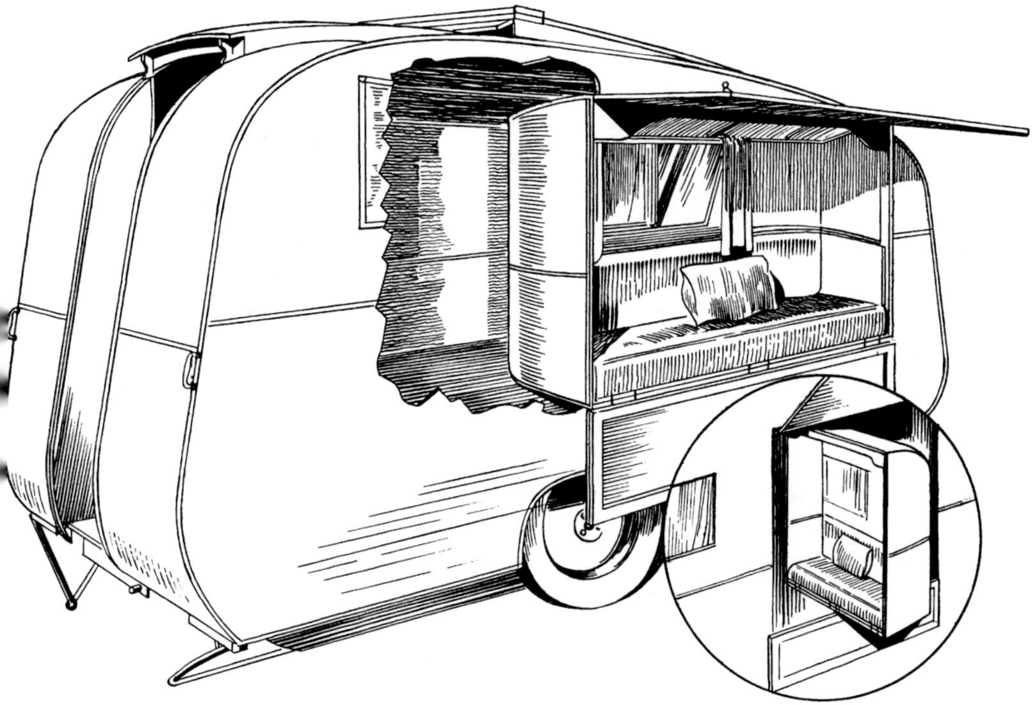

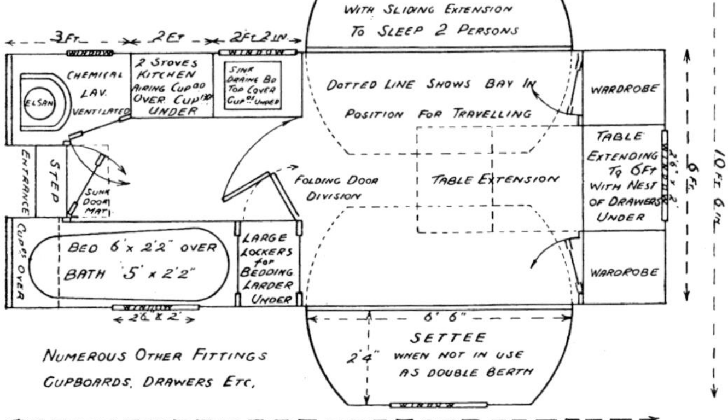

„Atlas Bishop“ Caravan

Frankreich — Belgien

Nach England dürften in Frankreich die meisten Wohnanhänger laufen. Die meisten der Wagen sind aus England eingeführt. Neuerdings werden jedoch in zunehmendem Maße im Lande selbst Wagen gebaut und aus Deutschland eingeführt.

„Stella"-Paris

Dieses Unternehmen stellt einen Zeltwagen her, d. h. einen ganz kleinen Gepäckanhänger, in dem Betten usw. eingebaut sind und über welche man dann ein Zelt größeren Ausmaßes aufspannt.
Seit kurzem werden dort auch Caravans nach englischen Vorbildern gefertigt, also volleingerichtete Anhänger, denn auch die Franzosen kamen alsbald darauf, daß der Vollwohnwagen ohne Aufbauarbeit doch ganz beträchtliche Vorzüge hat.

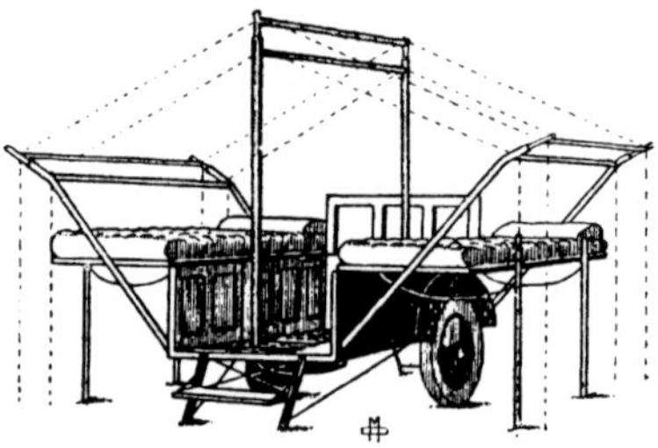

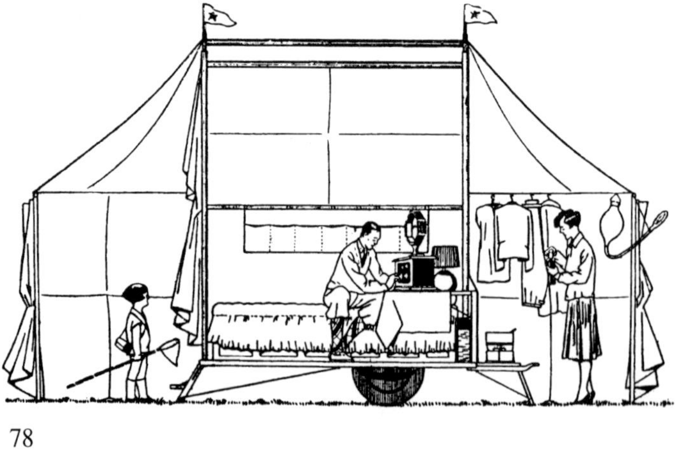

Ein französischer Wohnanhänger hatte auch zwei deutsche Faltboote an Bord

Lichtbild: Theo Rockenfeller

„Mascotte“

Ein Wohnwagentyp für 2 und 4 Personen. Näheres unbekannt.

„Alsace-Caravans“ Henry Fries

Das ist ein Verwandlungswagen, ähnlich wie der englische Riceanhänger. Er ist ziemlich geräumig, weist 5 Betten auf, verschiedene Kasten- und Kücheneinbauten und wiegt je nach Ausführung zwischen 400 und 600 kg.

Technische Daten:

gefaltet		aufgebaut	
Breite	1,66 m	Breite	3,82 m
Höhe	1,78 m	Höhe	2,80 m
Länge	2,70 m	Länge	2,70 m
Länge mit Deichsel	3,44 m	Innenhöhe	2,14 m

„Société KAP“

Diese Firma hat um 1928 herum ebenfalls einen einfachen Zeltanhänger gebaut. Weiteres nicht mehr bekannt.

Etabts. Notin

Hier werden 6 Wohnwagentypen englischer Art gebaut. Der kleinste Anhänger mißt 3,05 m, der größte 4,50 m in der Länge bei 1,90 m Breite, ausgestattet wie üblich mit 2—4 Betten, Tisch, Schränken, Küche usw. Die Preise betrugen Mitte 1937 von 8000.— bis 17 000.— Franken.

Caravanes REX, Paris

Die Firma fertigt 3 Grundtypen in englischer Art von 4,48 m, 3,66 m und 3 m Länge bei 1,95 m Breite, in einfacher und luxuriöser Ausführung von 2—4 Betten in ähnlicher Preislage wie Notin.

Tubauto, Paris

Hier handelt es sich um eine etwas kuriose Sache. Auf dem Dach des Autos wird ein Zelt aufgeschlagen, eine Leiter führt hinauf und 2 Leute finden ihre Schlafplätze droben. Das Ganze kostet rund 3 000.— Franken, ohne daß man den Eindruck los wird, man könnte denselben Zweck auf viel einfachere Weise auch erreichen, wenn man das liebe Zelt auf dem Boden aufstellt und nicht ausgerechnet auf dem Autodach. Aber warum schließlich einfach, wenn es kompliziert auch geht.

Wilsons Caravan, Brüssel

Als einzige belgische Konstruktion ist mir bisher der Wilson-Anhänger bekannt geworden. 3 Modelle in Längen von 3,10 m, 3,65 m, 4,25 m bei 1,90 m Breite und 1,85 m Höhe. Die Fahrgestelle weisen die meist bei allen französischen und englischen Wagen üblichen Federnpakete in der Längsrichtung des Wagens mit starrer Achse auf.
Irgend eine besondere typische eigene Note weisen die in beiden Ländern gebauten Wagen nicht auf, der Wohnwagenbau steckt hier noch in den Anfängen. Viel verwendet werden immer noch die Küchenwagen, die besonders gut ausgestattet sind und in irgend einer Weise mit dem darüber oder daneben aufgebauten Großzelt mit Doppeldach verbunden sind.

Der typische französische Küchen= und Zeltanhänger *Lichtbild: Kurt Huhle*

Ein Wagen aus Marokko mit einem „Stella"= Anhänger auf dem Münchner Zeltplatz *Lichtbild: Kurt Huhle*

Holland

In Holland selbst wie im Ausland kann man häufig Wohnwagen mit holländischem Nationalzeichen sehen. In der Mehrzahl handelt es sich auch hier um englische Anhänger, neuerdings werden aber Wohnanhänger auch dort gebaut.

Der führende Mann dürfte F. Hausbrand sein, der auch das erste holländische Wohnwagenbuch „De Kampeerwagensport“ geschrieben hat und zusammen mit einer Karosseriewerkstätte Wohnwagen nach seinen Ideen baut. Die Wagen haben eine eigene Note, sie sind nicht einfach Kopien englischer Wagen, sondern aus eigenem Schaffen und aus eigener Praxis heraus entstanden. Die Inneneinrichtung ist sehr durchdacht und jeder kleinste Raum ist irgendwie nutzbar gemacht.

Bekannt ist mir weiterhin noch, daß auch die Sportfirma DENIG in Amsterdam Wohnwagen baut.

Sonst ist nicht viel mehr über holländische Wohnwagen zu vermelden.

Bereits lange schon vor dem Aufbruch der Wohnwagenidee auf dem Kontinent, hatte einer meiner holländischen Freunde, der Naturforscher Dr. W. G. N. van der Sleen einen Wohnanhänger und bereiste damit nicht nur ganz Europa, sondern auch Niederländisch Indien. Als wir uns schon lange „schriftlich“ kannten, fuhren wir eines schönen Tages mit Autozelten über den Gotthardpaß und da stand nun ein zeltartiges Wohngebilde auf Rädern. Halten, aussteigen, grüßen und siehe da, es war unser holländischer Freund.

Und diese Begegnung, glaube ich, war es, die den ersten Kern zu meinem Wohnwagenschaffen gelegt hat. Da es auf dem Gotthard kalt und windig wurde, fuhren wir anderntags hinab an die Gestade des warmen Vierwaldstätter Sees an eine Stelle beim Orte Brunnen, dort, wo der Fluß in den See strömt und gerade an dieser Stelle zeigt das Bild den Wagen van der Sleens, den ersten Amateur-Wohnwagen, der mir zu Gesicht gekommen ist.

Zelt=Wohnanhänger von Dr. van der Sleen, Holland am Vierwaldstätter See im Jahre 1930

Noch ein Holländer (unbekannte Marke) aufgenommen 1935

Dänemark

In der deutschen, ja in der ganzen europäischen Wohnwagenbewegung ist es heute noch so, daß „einer den andern kennt". Morgen wird es schon anders sein. Heute aber weiß einer noch vom andern, was er vor hat, wo er geparkt hat, in welcher Richtung er weiterzog. All das erfährt man auf den ersten bekannten Zeltparkplätzen, an den Tankstellen oder von Leuten, mit denen man spricht, wenn man irgendwo in einem Orte anhält.

So ist es nur natürlich, daß mich ständig Wohnwagenfahrer aus allen möglichen Gegenden besuchen und so kam auch eines Sommers ein dänischer Wohnanhänger auf mein Grundstück und verbrachte die Nacht im Park. Es war ein nobles, silberfarbenes Gespann, das aus Italien kam und heimwärts nach Dänemark zog und siehe da, schon ergab das Gespräch, daß es sich am Morgen des Tages an der Brennergrenze mit einem anderen Wohnwagengespann gekreuzt habe, einem V 8 aus Berlin, der eine kleine flache Schachtel nachzog, aus der man in drei Sekunden ein Zelthaus „zaubern" konnte. Das konnte dann schließlich kaum jemand anders sein als Freund Theo Rockenfeller mit seinem „Hausdabei", der auf dem Wege nach Sizilien war. „Jachten der Landstraße", deren Kapitäne sich alle untereinander kennen. Heute noch — morgen ist es schon anders.

Ein nobles silberfarbiges Gespann aus Dänemark Lichtbild: Hans Berger

Italien

Italien zieht jedes Jahr viele Wohnwagen-Wanderer an, es ist ja das Land der Sehnsucht aller nordischen Menschen. Unter die englischen und französischen Wagen mischen sich nun auch immer mehr deutsche, erst waren es die „Hausdabei“, dann kamen die „Karawanen“ und nun werden es von Jahr zu Jahr mehr.
Von einer eigentlich italienischen Wohnwagenbewegung weiß man nicht viel, es wird zwar viel mit dem Auto gezeltet, es war auch eine italienische Abordnung auf dem Wiesbadener Schloßpark. Was aber eigentlich in Italien in dieser Beziehung los ist, das wird uns erst das nächste Welttreffen aller Zeltwanderer und Wohnwagenfahrer zeigen, denn dieses findet in Italien statt und zwar im Sommer 1938 am Lago maggiore.

Italienischer Gepäckanhänger für Zelttransport *Lichtbild: Theo Rockenfeller*

Amerika und seine Wohnwagen

Als ich dieses Buch zu schreiben begonnen hatte, da war die amerikanische Wohnwagenbewegung noch im Rahmen des üblichen. Es war ein Sport, es waren einige Fabriken, es war im Werden. Jetzt bin ich mit diesem Buche fertig und inzwischen ist die Wohnwagensache drüben so groß geworden, daß man gar nicht mehr in der Lage ist, all die Fabrikate zu erfassen. Amerikanisches Tempo! Amerikanische Ziffern!

250 000 Wohnanhänger, dort „Trailers“ genannt, wurden bis Ende 1936 gebaut, heute werden es wohl schon über 300 000 sein, denn es bestehen drüben Fabriken mit einer Jahresproduktion von 2000, 3000 und 5000 Stücken und während ich dies niederschreibe, ist alles bereits überholt.

Die Weite des Landes rechtfertigt natürlich in besonderem Maße das Reisen im Wohnwagen. Es geschieht aber beileibe nicht etwa deswegen, weil nicht genug Gasthäuser und Hotels vorhanden wären, o nein, daran ist ebensowenig ein Mangel wie bei uns, der Grund muß ein anderer sein. Er dürfte viel eher darin liegen, daß der Drang aus den Überstädten herauszukommen, so groß ist, daß er sich in dieser Weise Luft schafft. Man gibt seine Wohnung auf, verkauft die Möbel, kauft sich einen Wohnwagen und zieht den Jahreszeiten nach, immer dem Frühling und Sommer entlang.

Da nun heute 250 000 und morgen vielleicht eine Million solch mobiler Häuser durch die Staaten wandern, ergeben sich naturgemäß an den vorwiegend besuchten Punkten erneute Anhäufungen von Wagen und Menschen mit allen ihren Bedürfnissen. Der Mensch braucht nun einmal Wasser, Brot, Fleisch, Zahnbürsten, Würfelzucker, Klosettpapier, Butter, Fingernagel-Politur, Augenbrauen-Schwärze, Beil, Hammer, Säge, Licht und Wärme. Kleider müssen geplättet, Schuhe repariert und der Hund muß auch mal gewaschen werden. Was ist die Anhäufung von 500 Wagen zu je 4 Personen anders als eine „neue Stadt“ von 2000 Einwohnern. Man braucht wieder einen obersten Häuptling, der alles regiert, den Bürgermeister, man braucht viele, die die Stadt von den Abfällen an Konservendosen, Papier, ausgebrannten Radioröhren, um von anderen Dingen ganz zu schweigen, befreien, also Straßenkehrer. Man braucht Milch, frische Brötchen, elektrischen Strom, also immer wieder Menschen, die das herbeischaffen. Nimmt es da nicht Wunder, daß sich dieser modernsten aller Völkerwanderungen auch ganze Scharen von Handwerkern, Schneider und Schuster, Autowäscher und Friseure, selbstredend auch im eigenen Wohnwagen, anschließen. Ist es nicht naheliegend, daß sich Grundstücksbesitzer entschließen, ihre Grundstücke als „Trailer-Parks“ einzurichten, an jeden Baum eine elektrische Lampe und einen Steckkontakt anbringen, damit die darunter parkenden Wagen sofort Strom aus der Leitung entnehmen können, denn die Einrichtungen der Wagen von der Kaffeemühle bis zum Fleischwolf, dem Ventilator und dem Radio sind auf elektrischen Strom eingestellt. Ist es nicht selbstverständlich, daß es auch alsbald eigene „Trailer“-Zeitschriften gab, die die Interessen der Trailer-Besitzer vertreten und ein Adreßbuch herauskam, das nicht weniger als 1650 solcher Trailer-Parks angibt. Je nach Lage und dem gebotenen Komfort kostet die Parkgebühr auf einem solchen Platze zwischen 25 cents und 1 Dollar pro Tag, oder die Woche 1,5

Amerikanischer Wohnwagen, Modell Schult=Trailer Lichtbild: Gould

Amerikanischer Wohnwagen, Modell Kozy=Coach

bis 5 Dollar. Tennis-, Schwimm- und Golfplätze werden ebenso angeboten wie Fischberechtigung und der Schatten spanischer Eichen. Dies ist Amerika — das neue mobile Trailer-Amerika.

Wenn wir nun zu den amerikanischen Wohnwagen übergehen, dann fällt uns zunächst auf, daß beim Vergleich mit den englischen bzw. kontinentalen Wohnwagen die amerikanischen Wagen nicht auf ihrer einen Achse ungefähr ausgewogen sind, sondern die Räder sehr weit rückwärts haben. Sie sind also sehr stark vorderlastig (deichsellastig) gebaut. Der Zugwagen muß also einen großen Teil der Last auf seine Hinterräder übernehmen. Teilweise sind die Anhänger sogar nach Art der auch bei uns bekannten Sattelschlepper auf den Zugwagen aufgebockt. Ein großer Nachteil dieser starken Vorderlastigkeit ist, daß der abgekuppelte Anhänger von Hand aus kaum mehr bewegt oder umhergeschoben, also auf dem Platz zurechtgerückt werden kann, es sei denn, er bekommt vorne eigene Deichselräder untergesetzt. Die Vorzüge der Vorderlastigkeit des Anhängers liegen wiederum darin, daß der Lauf ein ruhigerer ist und hohes und höchstes Tempo gefahren werden kann. Viele amerikanische Straßen sind unseren Autobahnen gleich, ermöglichen also größte Geschwindigkeiten.

Weiter fällt bei den Amerikanern auf, daß die äußere Form waggonmäßiger ist als bei den Engländern. Es herrscht fast allgemein statt einer vier- und rechteckigen eine fünfeckige Grundrißgestaltung vor. Eine Spitze oder Rundung nach vorne, einem Schiffssteven oft ähnlich sehend, ist bei fast allen Wagen vorhanden. Die Inneneinrichtung erscheint weniger bis ins letzte Winkelchen ausgeknobelt zu sein, es fehlen die vielen Kästchen und Türlein englischer Wagen. Die Betten sind meist übereinander angeordnet oder werden bei Tage ganz weggeräumt, sodaß ein möglichst freier Innenraum entsteht, ein „Tanzboden". Badewannen und geräumige Toiletten sind häufig zu finden, große Wassertanks mit Pumpen für die Wasch- und Spülbecken sind selbstverständlich, ebenso wie Holz- bzw. Kohlenheizung durch eingebaute Öfen für den Winter und einem Eisschrank für den Sommer.

Als ich mit dem Buch zu schreiben anfing, wollte ich alle mir bekannten amerikanischen Wohnwagentypen wie die englischen oder deutschen beschreiben und durch Bilder belegen. Da mir aber täglich mehr Kataloge auf meinen Schreibtisch flogen, als ich überhaupt nur durchzulesen vermag, mußte ich diese Absicht fallen lassen, weil es einfach nicht geht. Das Buch müßte noch einmal so stark werden und bei dem unheimlichen Tempo des weiteren Zuwachses und der raschen Änderung der Modelle der einzelnen Fabriken, die gegenseitig in amerikanisch tollem Wettbewerb miteinander stehen, würden alle diese Einzelheiten doch schon in Tagen wiederum überholt sein. Daher beschränke ich mich darauf, einige typische amerikanische Konstruktionen in Wort, Bild und Maßen anzuführen, denn alles in allem gleichen sich die Fabrikate mehr oder minder doch.

Amerikanische Wohnwagensysteme

Anfang 1938 zusammengestellt von „Trailer Travel Magazine“

Marke	Modell	Einzelpreis Dollar	Gesamtgewicht cwt.	Außenlänge feet	Außenbreite feet	Fußboden-länge feet	Fußboden-breite feet	Außenhöhe feet	Innenhöhe feet
Airfloat	Airfloat	695	1400	168	77	120	48	89	74
Airfloat	De Luxe	835	1600	168	77	120	48	89	75
Airstream	Clipper	5000		324	—	—	—	—	—
Aiıstream	Airlite Stand	535	1240	144	—	—	—	—	—
Albatross	4 Passenger	845	1800	168	76	96	36	96	74
Alma	1060		3040	280	81	228	77	100	75
Alma	1095		3060	280	81	228	77	100	75
Alma	855		2860	280	81	228	77	100	75
Alma	695		2400	222	81	194	77	100	75
Alma	495		2125	222	81	194	77	100	75
Auto Cruiser	B 17	790	1970	204	80	168	74	94	74
Auto Cruiser	B 19	990	2290	252	80	176	74	94	74
Auto Cruiser	B 21 Stand	1290	2390	252	80	211	74	94	74
Auto Cruiser	B 21 De Luxe	1390	2490	252	80	211	74	94	74
Auto Cruiser	B 23	1890	2680	276	80	234	74	94	74
Auto Cruiser	B 25	2490	2910	300	80	258	74	94	74
Auto Home	Sp. De Luxe	644	2050	180	75,5	180	75,5	95	76
Bender	16	585	2100	187,5	79	161,5	75	94	75
Bender	17	790	2700	224,5	80,5	168	75	94	75
Bender	19	1995	3075	252	80,5	195,25	75	94	75
Bender	23	1475	3825	278	80,5	212,5	75	94	75
J. T. Cantrell	Cott. Cruiser	995	1800	240	84	207	76	92	74
Caravan	Continental	1500	1730	192	84	156	80	90	75
Columbia	Trav.-Ome DL	795	1800	204	79	186	75	88	74
Columbia	Trav.-Ome Std.	685		204	79	186	75	88	74
Cook	All Cus Built	—	—	—	—	—	—	—	—
Covered Wagon	Custom	905	—	274,5	78	240	74	95	74
Covered Wagon	De Luxe	585	—	234,5	78	204	74	95	74
Covered Wagon	Master	495	—	204,5	78	188	74	95	74
Curtiss Aerocar	161-Spe.	7500	5200	291	81	255	76	94	74
Curtiss Aerocar	161-Spe.	6500	3900	238	81	182	76	94	74

Marke	Modell	Einzelpreis Dollar	Gesamtgewicht cwt.	Außenlänge feet	Außenbreite feet	Fußbodenlänge feet	Fußbodenbreite feet	Außenhöhe feet	Innenhöhe feet
Curtiss Aerocar	100-Ic.	3600	3200	260	79,5	204	76	94	74
Curtiss Aerocar	161-B.	5335	4700	278	81	222	76	94	74
Fleetw. Coates	FC-1	1500	2500	258	82,25	157	74	98	78
Fleetw. Coates	FC-2	1800	2800	282	82,25	81	74	98	78
Fleetw. Coates	FC-3 L	2500	3300	288	82,25	187	76	98	78
Fleetw. Coates	FC-3 T	2850	3500	291	82,25	223	76	98	78
Fleetw. C. Spt.	FC-4 L	3600	3600	312	82,25	211	76	98	78
Fleetw. C. Spt.	FC-4 T	3600	3900	312	82,25	247	76	98	78
Gen. Body (Cal)	Little General	845	1980	238	81	192	78	93	76
Gen. Body Corp	103		2900	234	79	199	75	90	74,5
Gen. Body Corp	102	995	2600	204	79	169	75	90	74,5
Hargo	17-38	595	1750	204	82	156	78	95	74
Hargo	19-38	895	2600	236	84	181	78	95	75
Hargo	20 38	1195	2900	240	84	181	78	96	75
Hargo	20-38 B	1295	2980	240	84	181	78	96	75
Hayes	The Crusader	420	1700	192	79	—	—	90,5	74
Hayes	Stand. Crus.	—	2400	228	79	—	—	93	74
Hayes	De Crusader	—	2450	228	79	—	—	91	74
Indian	Papoose	295	1725	180	78	156	74		74
Indian	Scout	395	1840	204	78	180	75	92	74
Indian	Scout De Luxe	495	1860	204	78	180	75	92	74
Indian	Warrior	745	2485	240	78	216	75	92	74
Indian	Chief Tandem	1245	3510	276	78	234	75	92	74
J. B. Judkins	100	—	1600	200	79	162	75	95	75
J. B. Judkins	200	—	2130	233	79	180	75	96	75
J. B. Judkins	300	—	2800	228	84	192	78	98	76
J. B. Judkins	300 H	—	3600	252	84	216	78	99	76
J. B. Judkins	400	—	3000	252	84	204	78	100	76
J. B. Judkins	400 H	—	5000	288	84	240	78	101	76
J. B. Judkins	Romany	990	2730	231	79	159,5		94	75
Palace	Standard	595	—	200,5	78	197	75,5	94	75
Palace	Master	730	—	236,5	78	233	75,5	94	75
Rainbow	Traveler	795	2000	222	79	204	75,75	105	74,25
Rainbow	Aristocrat	995	2000	222	79	204	75	105	74,25
Rainbow	Cruiser	1995	3000	282	79	264	75	105	74
Rolling Home	De Luxe 16	885	1985	192	74	96	48	88	74
Rolling Home	De Luxe 14	685	1685	168	74	72	48	88	74
Rolling Home	Standard 14	585	1585	168	74	72	48	88	74
Rolling Home	Stand Famous	495	1550	168	74	72	48	88	74

Marke	Modell	Einzelpreis Dollar	Gesamtgewicht cwt.	Außenlänge feet	Außenbreite feet	Fußbodenlänge feet	Fußbodenbreite feet	Außenhöhe feet	Innenhöhe feet
Schult	Aristocrat (Fir)	1095	3300	288	78,5	264	75,25	93	73,5
Schult	Sport	345	1400	168	78,5	144	75,25	93	73,5
Schult	Cadabout	395	1800	174	78,5	150	75,25	93	73,5
Schult	Travelze	426	1800	192	78,5	168	75,25	93	73,5
Schult	Nomad	496	2300	216	78,5	192	75,25	93	73,5
Schult	Cavalier (Fir)	745	2800	240	78,5	216	75,25	93	73,5
Schult	Cavalier (Mgy)	845	2800	240	78,5	216	75,25	93	73,5
Schult	Homestead	895	2800	264	84,5	240	81,25	93	73,5
Schult	Aristocrat(Mgy)	3953	3300	288	78,5	264	75,25	93	73,5
Silver Dome	Master De L	895	2635	234	80	172	77	94	74
Silver Dome	De Luxe 20	795	2585	234	80	172	77	94	74
Silver Dome	De Luxe 17	595	1865	200	80	155,5	77	93	74
Silver Dome	Model 17	545	1835	200	80	155,5	77	93	74
Standard	12	545	1600	186	78	156	75	94	74
Standard	16	825	2400	225	78	192	75	94	74
Standard	14	735	2000	207		174	75	94	74
Standard	13	398	1200	186		156	75	94	74
Trailcar	Junior	295	1400	180	80	168	75,5	93	72
Trailcar	Rover	575	2000	216	80	186	75	93	73
Trailcar	Cruiser	895	2350	240	80	210	75	96	74
Trailcar	Club	1095	2650	252	80	222	75,5	96	74
Travelo	Sportsman	435	1850	202	80	168	75,5	92	73
Travelo	De Luxe	760	2500	240	80	216	76	93,75	74
Travelo	Super De Luxe	925	2650	240	80	216	76	93,75	74
Travelo	Standard	575	2100	216	80	192	76	94	74
Trav-L-Coach	Senior	840	2100	258	83	231	78	94	73,5
Trav-L-Coach	Toilet Model	770	1960	234	83	207	78	94	73,5
Trav-L-Coach	Standard	740	1960	234	83	207	78	94	73,5
U.S. Club Car	Imperial	1195	3600	270	—	240	80	—	76
U.S. Club Car	De Luxe Senior	985	2900	246	84	216	80	—	76
U.S. Club Car	De Luxe Junior	795	2400	222	—	192	80	—	76
Waite	Cadet	725	2745	234	84	198	80	94	76
Wanderer	Cust. Built	995	1800	252	80	192	74,5	72	74,5
Zimair	Imperial	805	1900	222	79	204	76	92,5	75
Zimair	Master	870	1850	216	79	204	76	92,5	75
Zimair	Standard	695	1750	208	79	180	76	92,5	76
Zimair	Weekender	570	1450	172	79	156	76	92,5	76
Zimmer	De Luxe	640	2000	226	80	168	74,5	99	74
Zimmer	Standard 18	495	1820	214	80	168	74,5	90	74
Zimmer	Junior	395	1370	180	80	132	74,5	90	74

Amerikanischer Travelling=Trailer

Lichtbild: Gould

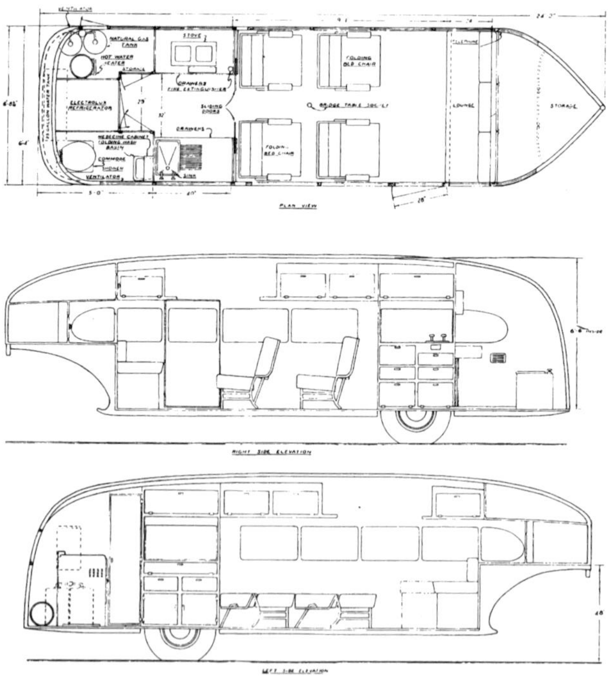

Grundriß und Seitenansichten des „Travelling"=Trailer

Innenausstattung eines Schult-Trailers

Küche

Bad (vergleiche Wohnecke auf Seite 94)

Innenausstattung eines Schult=Trailers

Wohnraum

Die umgestaltete Wohnecke als Schlafraum

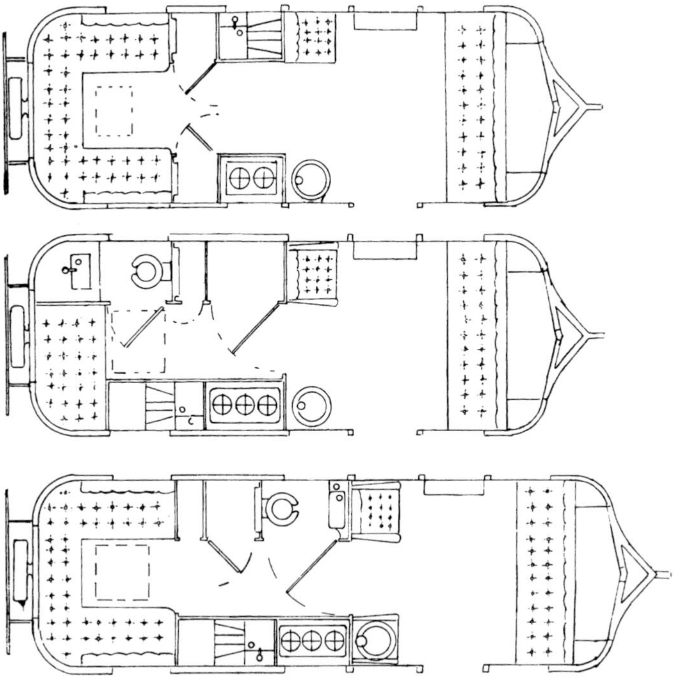

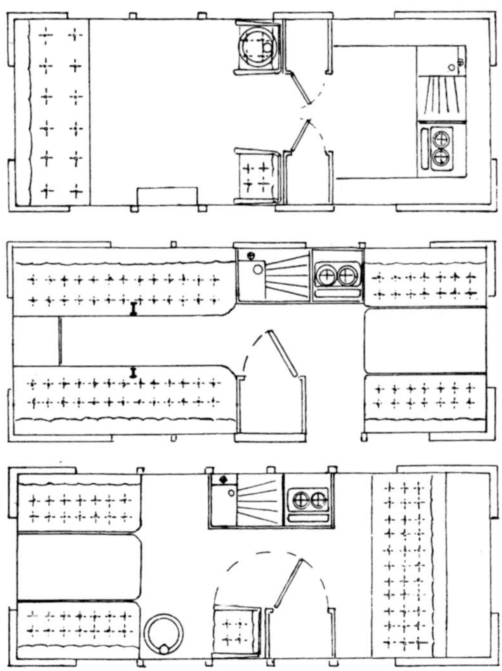

Sechs amerikanische Wohn-wagen-Grundrisse als Beispiel dafür, wie verschieden man bei gleicher Wagengröße die Inneneinteilung vornehmen kann.

Wohnanhänger=Selbstbau

In England, mehr aber noch in den Vereinigten Staaten von Amerika, ist auch der Selbstbau von Gepäckanhängern und Wohnwagen üblich. Das wird vor allem aus den umfangreichen und oft prachtvoll ausgestatteten Einzelteile=Katalogen von Firmen ersichtlich, die vorwiegend solche Wagen „portionsweise" verkaufen.
Zunächst ersteht man sich ein Fahrgestell und dazu passende Sätze von Werkzeichnungen, dann das Baumaterial, besonders Sperr= oder Preßholzplatten. Schließlich sind dort auch die verschiedenen Beschläge, Türgriffe, Fenster, Ventilationsvorrichtungen erhältlich und anderes mehr.
Ob der Wagen auf diese Weise billiger zu stehen kommt, ist nicht ohne weiteres zu sagen, sicher ist, daß niemand ohne Lehrgeld davonkommt.
Die Freude am Selbstgemachten ist es aber, die uns schließlich auch über die etwaigen Mängel eines solchen Wagens gegenüber einem serienmäßig in der Fabrik hergestellten Fahrzeug hinwegsehen lassen.
Auch bei uns ist der Selbstbau solcher Wagen möglich, man muß jedoch besonders genau die ab 1. Oktober 1938 in Kraft tretenden Bauvorschriften für Einachsanhänger beachten, da nur dann mit einer Betriebserlaubnis zu rechnen ist. Alles andere muß man sich hierzulande jedoch selbst herstellen, denn es gibt bis heute keine Firmen, die normalisierte Einzelteile, geeignete Fenster und Türen usw. lieferbar haben. Auch den Entwurf und die Werkzeichnungen muß man selbst fertigen. Ausreichende Kenntnisse in Holz= und Metallbearbeitung gehören gleichfalls zu den unerläßlichen Bedingtheiten eines solchen Unternehmens und schließlich noch eine geräumige Werkstätte mit den üblichen Holzbearbeitungswerkzeugen.
Also ausgerüstet, kann der Bau beginnen. Man wird für viele Monate Kopf und Hände zu nichts anderem mehr frei haben, aber wenn dann die erste Ausfahrt vor sich geht, muß es sich ja zeigen, ob das Werk gelungen ist oder ob alles umsonst war. Wenn dies letztere der Fall sein sollte, dann heißt es nicht den Mut verlieren, sondern solange umbauen und verbessern, bis der Wagen in allem entspricht. Auf diese — und nur auf diese mühevolle Weise lernt man und eignet sich allmählich einen kleinen Teil dessen an, was ein Fachmann von vorneherein weiß, obwohl auch er nie auslernt.

Vorschriften für Personen=Kraftfahrzeuge mit Anhängern.

Deutschland:

Personenkraftwagen mit einachsigen (2 Räder) Anhängern unterliegen keiner be= sonderen Geschwindigkeitsbeschränkung. (Betriebserlaubnis, Typschein, Typschild, Anhängerbrief, Zulassungszeichen, Anhängerschein, Gewicht nicht mehr als 40 % (ausnahmsweise 60 %) des Zugwagen=Gesamtgewichtes, 2 Schlußlichter, Polizei= nummer, Bremslicht, roter Rückstrahler.)

England:

Privatkraftwagen mit Anhängern bis zu 2 Rädern Höchstgeschwindigkeit bis zu 30 Meilen pro Stunde.

Estland:

Kraftfahrzeuge mit Anhänger auf freier Landstraße 40 km, in Orten 15 km.

Frankreich:

Fahrzeuge, welche einen Anhänger mitführen, dürfen eine Geschwindigkeit von 40 km nicht überschreiten. Gelbes Dreieck auf blauem Quadrat ist auf dem Dach des Zugwagens (nachts beleuchtet) zu zeigen als Zeichen, daß hinter dem Zug= wagen ein Anhänger nachfolgt.

Griechenland:

Auf freier Landstraße keine Beschränkung, in Orten 20 km.

Jugoslawien:

Auf offener Landstraße 50 km, in Orten 15 km, in Badeorten 8 km.

Freistaat Irland:

Keine Beschränkungen bis auf die durch Tafeln angezeigten.

Italien:

Keine besonderen Vorschriften.

Luxemburg:

Keine Vorschriften.

Niederlande:

Anhänger mit Luftbereifung und über 350 kg Raddruck auf A=Wegen bis 45 km, auf B=Wegen bis 30 km Höchstgeschwindigkeit.

Polen:

Auf Landstraßen keine Vorschrift, in Städten bis 40 km. Auto und Anhänger zahlen Aufenthaltssteuern von je 5.— Zloty für 3 Tage.

Schweiz und Liechtenstein:

Für Turenfahrzeuge mit Anhänger in Orten 30 km, auf freier Landstraße bis 50 km. Anhänger darf nicht länger als 2 m ohne Deichsel sein. Deichsel darf nicht länger als 1 m sein. Anhänger darf nicht breiter als Zugwagen sein und nicht mehr als 500 kg Gewicht haben. Konstruktionen „Hausdabei" und „Wandervogel" zu= lässig, alle anderen größeren Wohnwagen dagegen nicht. Das Reiseland „Schweiz" ist also das einzige Land der Erde, das dem Wohnwagen Einreiseschwierigkeiten unüberwindlicher Art bereitet.

Tschechoslowakei:

Lastautos, Autobusse, Kraftwagen mit Anhängern 50 km. Jedem Autofahrer ist das Rauchen während der Fahrt grundsätzlich verboten.

Ungarn:

In Städten 40 km, an Straßenkreuzungen 6 km, auf freier Landstraße keine Be= schränkungen.

Bauvorschriften und Betriebserlaubnis für Einachsanhänger in Deutschland.

In der Straßen-Verkehrs-Zulassungs-Ordnung — StVZO. — vom 13. November 1937 sind Mindestbestimmungen aufgestellt, die jeder nach dem 1. Oktober 1938 neu zugelassene Anhänger erfüllen muß. Für bereits vor diesem Zeitpunkt in Betrieb genommene Anhänger ergibt sich die Notwendigkeit, diese Mindestbedingungen ab einem noch näher bekanntzugebenden Zeitpunkt zu erfüllen.

§ 18: Ein Einachsanhänger darf auf öffentlichen Straßen nur in Betrieb gesetzt werden, wenn er durch Erteilung einer Betriebserlaubnis und durch Zuteilung eines amtlichen Zulassungszeichens für Anhänger von der zuständigen Zulassungsstelle zum Verkehr zugelassen ist.

Das bedeutet, daß jeder Einachsanhänger eine Betriebserlaubnis haben muß, die gemäß

§ 19: nach dem Gutachten eines amtlich anerkannten Sachverständigen nach den Anweisungen der Reichstypstelle in Form eines Typscheines ausgestellt wird.

§ 20: Für Serienanhänger, also solche, die nach einmal festgelegten Maßen laufend gebaut werden, kann dem Hersteller die Betriebserlaubnis durch Typschein allgemein erteilt werden.

Der Käufer eines solchen Serienfahrzeuges erhält vom Hersteller einen sogenannten Anhängerbrief ausgestellt.

§ 23: Der Eigentümer eines Einachsanhängers hat bei der amtlichen Zulassungsstelle seines Wohnbezirkes, die Erteilung eines Zulassungszeichens zu beantragen. Mit dem Antrag ist der Anhängerbrief vorzulegen und wenn noch keine Betriebserlaubnis vorliegt (also der Hersteller für den Bau keinen Typschein hat), ist dieser gleichfalls zu beantragen.

(Man kaufe darum in Zukunft nur Anhänger, für die der Hersteller einen Typschein besitzt, da sich sonst die Kosten für die Gutachten, Erlaubnisscheine und dergl. erheblich verteuern! Leider ist damit ab 1. Oktober 1938 der Selbstbau von Anhängern ganz erheblich erschwert und vor allem verteuert worden.)

Das von der Zulassungsstelle zu erteilende Zulassungszeichen für Anhänger enthält das Unterscheidungszeichen für den Verwaltungsbezirk, in dem der Anhänger zugelassen ist, und eine Erkennungsnummer, unter der es eingetragen wird, die auch im Anhängerbrief vermerkt wird.

Das Zulassungszeichen ist lt. § 52 auf dem Typschild einzuschlagen. Das Typschild muß am vorderen rechten Teil des Anhängers befestigt sein. Dieses Zulassungzeichen hat aber nichts zu tun mit dem amtlichen Kennzeichen, der sogenannten Polizeinummer, die jeder Anhänger genau wie der Zugwagen, hinten in vorgeschriebener Größe und bei Dunkelheit beleuchtet, führen muß.

Auf Grund der Betriebserlaubnis und nach Zuteilung des Zulassungszeichens erhält der Besitzer eines Einachsanhängers von der Zulassungsstelle den sogenannten Anhängerschein ausgehändigt. (Nicht zu verwechseln mit Anhängerbrief.) Der Anhängerschein muß ebenso wie bisher schon der für den Kraftwagen selbst nötige Kraftfahrzeugschein bei allen Fahrten mit dem Anhänger mitgeführt und auf Verlangen den für den Verkehr zuständigen Beamten zur Prüfung vorgelegt werden.

§ 42: „Hinter Krafträdern und Kraftwagen mit Personenwagen-Fahrgestellen dürfen Anhänger nur mitgeführt werden, wenn das ziehende Kraftfahrzeug Allradbremse hat und der Anhänger nicht mehr als 40 vom Hundert des zulässigen Gesamtgewichtes des ziehenden Fahrzeuges wiegt. Auf Grund eines Gutachtens eines amtlich anerkannten Sachverständigen darf das Gewichtsverhältnis bis auf 60 vom Hundert erhöht werden; auf dem Kraftfahrzeugschein ist dann zu vermerken: „Zulässiges Gesamtgewicht des Anhängers . . . kg."
Ein Anhänger darf nicht länger als 2,20 m, nicht breiter als 2,35 m und nicht höher als 4 m sein. Ragt Anhänger seitlich mehr als 40 cm über die Außenkante der Zugwagenbeleuchtung hinaus, müssen Begrenzungslampen (weißes Licht) am Anhänger angebracht werden.

§ 53: Jeder Anhänger muß hinten dasselbe Kennzeichen (Polizeinummer) wie der Zugwagen führen, das, wenn der Anhänger hinter verschiedenen Zugwagen verwendet wird, auswechselbar gestaltet sein kann. Dieses übliche Nummernschild muß beleuchtet sein, braucht aber nicht wie die Polizeinummernschilder des Zugwagens polizeilich abgestempelt sein.

Der Einachsanhänger muß hinten zwei Schlußlichter haben, die mindestens 1,10 m auseinanderliegen und im Höchstfalle 1,70 m auseinanderstehen dürfen.
Mit der linken Schlußbeleuchtung kann zu gleicher Zeit die Nummernbeleuchtung verbunden sein.
Der Einachsanhänger kann hinten zwei Bremslichter haben (ein linkes ist unbedingt nötig). Die Bremslichter können gleichzeitig mit den Schlußlichtern kombiniert sein.
Das linke und das rechte Schlußlicht müssen je eine eigene Kabelleitung haben, die beim Zugwagen auch über je eine besondere Sicherung laufen müssen, damit, wenn die Sicherung eines Schlußlichtes durchbrennt, das andere Schlußlicht über die andere Sicherung weiterbrennt.
Die Schlußlichter müssen mindestens 40 cm und höchstens 1,25 m über der Fahrbahn angebracht sein und dabei mindestens 35 cm unter der Höhe des Fahrtrichtungsanzeigers liegen. Der Abstand der beiden Schlußlichter sowohl von der linken wie von der rechten Außenkante des Anhängers darf keineswegs 40 cm überschreiten. Außerdem muß der Anhänger nicht mehr als 40 cm von seiner linken Außenkante entfernt und nicht höher als 50 cm über dem Fahrbahnboden einen roten Rückstrahler tragen.

Ragt der Fahrtrichtungsanzeiger des Zugwagens seitlich nicht mindestens 8 cm über den Anhänger hinaus, so ist ein eigener Fahrtrichtungsanzeiger am Anhänger anzubringen, der wiederum mindestens 8 cm über die größte Breite des Anhängers hinausragen muß.

Diese Tabelle zeigt, wie schwer der beladene Anhänger nach § 42 d. StVZO. sein darf, welche ungefähren Höchstgeschwindigkeiten ohne und mit Anhänger erzielt werden können und welcher Brennstoffverbrauch ohne und mit Anhänger etwa in Frage kommt.

Hubraum ccm/PS	Personenwagen Fabrikat und Typ	Gewicht der Limousine	Zulässige Belastung	Somit Gesamtgewicht	Schlepplast § 42 d. StVZO.		Maximale Geschwindigkeit km/Std.	Brennstoff durchschnittl. l/100 km	
		kg	kg	kg	40%	60%	o.A./m.A.	o. A.	m.A.
580/18	DKW-„Reichsklasse“	690	400	1090	436	554	85/70	6	8
684/20	DKW-„Meisterklasse“	780	400	1180	472	708	86/72	6,5	8,5
1045/32	DKW-„Sonderklasse“	975	450	1425	570	855	96/74	11,5	14
995/25	Adler-„Trumpf-jun.“	820	400	1220	488	730	90/80	7,5	8,5
1000/	Steyr „50“	750	320	1070	428	642	85/70	7	9
1074/23	Opel „P 4“	742	400	1142	456	686	85/72	8	9
1074/23	Opel-„Kadett“	745	400	1145	456	686	85/72	8	9
1089/28	Hanomag-„Kurier“	1000	400	1400	560	840	80/73	10	11
1098/28	Hansa „1100“	1000	400	1400	560	840	90/80	9	10
1200/34	Ford-„Eifel“	800	400	1200	480	720	100/90	10	11
1475/34	Stoewer-„Greif“	1020	400	1420	568	853	96/88	10,5	12
1494/35	Hanomag-„Rekord“	1050	400	1450	580	870	100 89	12	14
1500/35	Opel „Olympia“	907	373	1280	512	770	100/90	9	11
1500/	Steyr „200“	990	410	1400	560	840	100/90	9	11
1697/38	Mercedes „170 V“	1150	400	1550	620	925	100/100	10	11
1755/42	Wanderer „W 24“	1100	500	1600	640	960	108/90	10	11
1645/38	Adler-„Trumpf“	1180	400	1580	630	950	104/90	10,5	11,5
2000/45	Adler 2 Liter	1090	400	1490	596	894	110/100	11	13
2000/	BMW „327“	1100	475	1575	630	945	110/100	11	13
2300/50	Mercedes „2,3 Liter“	1450	500	1950	780	1170	115/100	12,5	14,5
2300/55	Wanderer „W 45“	1340	500	1840	736	1100	105/90	14	16
2300/55	Hanomag-„Sturm“	1350	450	1800	720	1080	110/95	14	16
2300/	Steyr „220“	1160	460	1620	648	972	115/100	13	16
2300/	Steyr „630“	1530	600	2130	852	1278	115/100	14	16
2400/55	Stoewer-„Sedina“	1210	500	1710	682	1020	110/95	14	16
2500/55	Opel-„Super“	1200	400	1600	640	960	110/95	13	16
2623/62	Wanderer „W 23“	1380	500	1880	750	1130	115/100	13	15
2494/58	Adler „2,5 Liter“	1300	500	1800	720	1080	120/100	13,5	16
2916/60	Adler-„Diplomat“	1720	500	2220	890	1330	110/95	16	18
3200/78	Mercedes „3,2 Liter“	1720	500	2220	890	1330	120/105	15,5	19
3517/82	Horch „3,5 Liter“	1885	500	2385	960	1430	125/110	18	20
3600/90	Ford „V 8“	1400	400	1800	730	1080	129/115	18	20
3600/80	Stoewer-„Arkona“	1540	500	1940	816	1220	120/105	16	18
3600/75	Opel-„Admiral“	1600	500	2100	840	1260	125/105	16	18
2×06	Tempo-Geländewagen	1060	600	1660	664	996	—	—	—

Zusammenstellung von Ing. Heinz Flücht aus der Zeitschrift „Deutsche Auto-Post“.

Die Kupplung für Einachsanhänger.

Es steht heute eindeutig fest, daß die Kugel-Kupplungssysteme die besten Verbindungen zwischen Zugwagen und Anhänger ergeben.
Eine Kugel von 4, 5 oder 6 cm Durchmesser sitzt auf einem Bolzen, der zunächst senkrecht nach unten und dann annähernd waagrecht verläuft und in irgendeiner Art und Weise mit dem Zugwagen verbunden ist.
Der Anhänger trägt an seiner Deichsel eine Kugelpfanne. Die Kugelpfanne wird auf die Kugel gelegt und mittels einer Schließvorrichtung beliebiger Art gehindert, ungewollt die eingegangene Verbindung wieder zu lösen, ohne jedoch das damit entstandene Kugelgelenk zwischen Zugwagen und Anhänger in seiner allseitigen Beweglichkeit zu behindern.
Es ist auch ein Normblatt, „DIN Kr. 4058" erschienen, das besagt, daß die Kugel 5 cm Durchmesser haben, die Kugelmitte sich 35 cm über der Fahrbahn befinden soll. Der Kugelabstand von der Karosseriewand oder einem sonstigen Wagenteil soll mindestens 80 mm betragen. In den nächsten Jahren werden daher wohl alle Kupplungen auf diese Normenmaße umgestellt werden. Es sei bemerkt, daß eine gesetzliche Vorschrift zur Abwendung dieser genormten Maße nicht besteht, sodaß die Abänderung von abweichenden Kupplungsarten nicht notwendig ist. Anhänger, die nach dem 1. 10. 38 zum Verkehr erstmals zugelassen werden, dürften bis dahin wohl ausnahmslos mit der neuen 5 cm „Normkugel" ausgerüstet werden. Die Ausführung der Kugelpfanne, also jenes Teiles, das sich am Anhänger befindet, ist bisher nicht genormt und wird es wohl auch nie werden, da es hier die verschiedensten Zuhaltesysteme gibt und man sich kaum auf ein einziges, allerbestes, einigen wird. Der Vorteil der Kugelnormung liegt darin, daß in Zukunft jeder Zugwagen mit genormter Kugel (5 cm Durchmesser und 35 cm über der Fahrbahn) jeden Anhänger, gleich welcher Art, sofort anhängen kann. Das dürfte insbesondere für den Verleih von Anhängern vorteilhaft sein. Auch die Autofabriken werden angehalten, zukünftig bei allen Neukonstruktionen gleich eine Anbringungsvorrichtung für die genormte Kugel vorzusehen.
Nachstehend seien einige in- und ausländische Kupplungssysteme gezeigt, es gibt unzählige Arten, jede ist nach dem Katalog natürlich die beste, es ist dieselbe Geschichte wie mit den Skibindungen. Hauptsache ist, daß sie hält, daß sie spiel- und stoßfrei ist, daß sie leicht ein- und auszukuppeln ist, daß sie möglichst nach allen Richtungen, also sowohl seitlich, wie auch nach oben und unten, schwenkbar ist. Das letztere ist wichtig beim Durchfahren von Bodenunebenheiten (Gräben), das erstere für das Kurvenfahren. Bei Zugwagen mit sehr kleinem Wendekreis achte man auch, daß die Anhängerdeichsel genügend lang, oder die Form der Anhängervorderwand entsprechend schmal oder zurückfliehend ist, damit nicht bei starkem Steuereinschlag die Anhängervorderwand mit den hinteren Stoßstangen des Zugwagens oder seinen Kotflügeln zusammenstößt. Wiederum soll jedoch die Deichsel nicht länger als nötig sein.

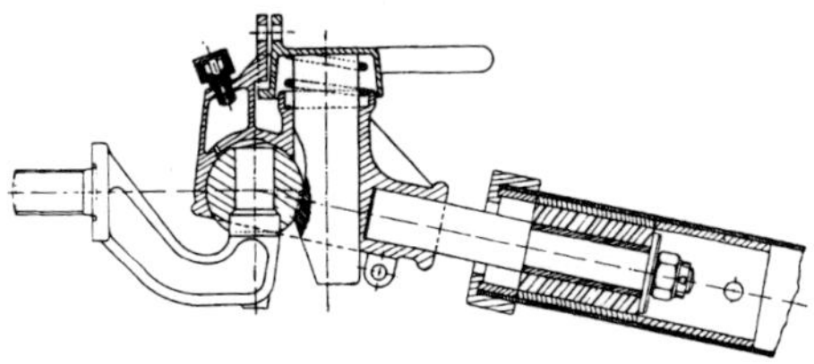

Bungartz-Anhängerkupplung
Handgriff nach rechts = offen
Handgriff gerade = geschlossen

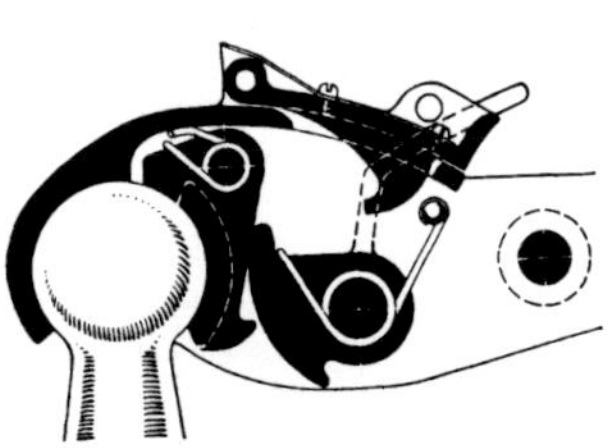

K.G.-Kupplung, schließt sich nach dem Aufsetzen auf die Kugel von selbst

Befestigungsbeispiel einer Kugel am Kraftwagen

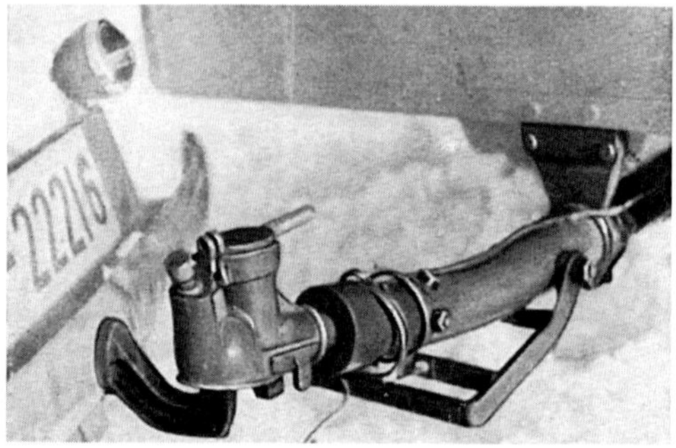

Bungartz-Kupplung an einem Adler-Trumpf

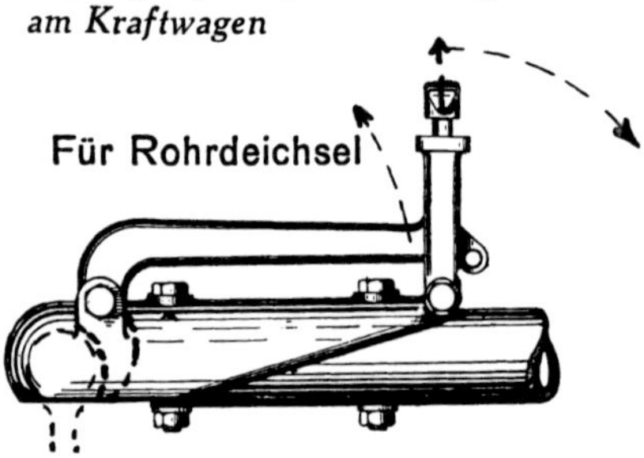

Knöbel-Kupplung

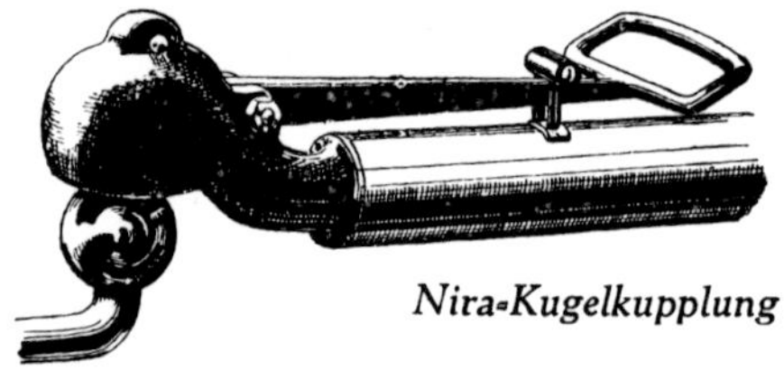

Nira-Kugelkupplung

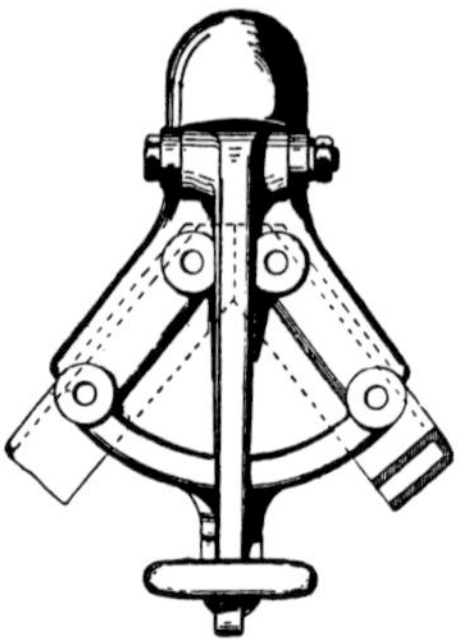

Für Gabeldeichsel

Knöbel-Kupplung

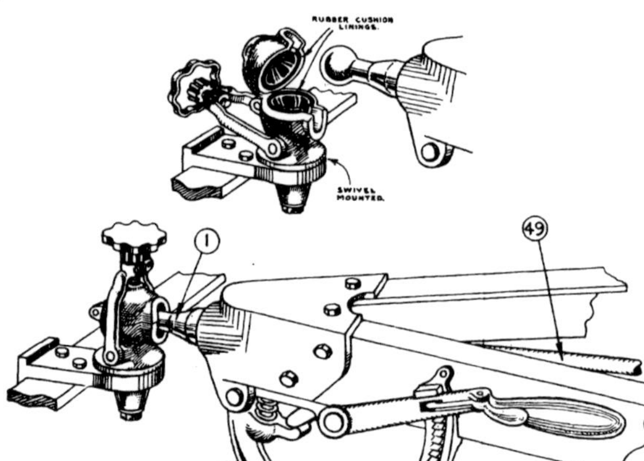

Englische Dixon Bate-Kupplung

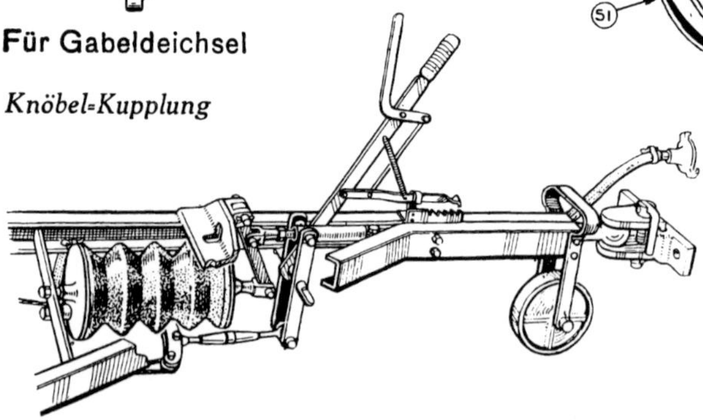

Englische Raven-Kupplung mit Servo-Bremse

Die Fahrgestelle für einachsige Wohnwagen.

Mögen die ausländischen Wohnanhänger in allem komfortabler ausgestattet sein, im Fahrgestellbau sind wir in Deutschland überlegen. In England und Amerika baut man meist noch die vom Kutschwagenbau übernommenen Rahmenfahrgestelle mit einer durchgehenden Achse, die an Halbepileptikfedern (Blattfedern) aufgehängt ist. Bei uns werden vorwiegend Schwingrad-Systeme angewendet, einzeln abgefederte Räder, deren Federn entweder ebenfalls Blattfedern sein können (längs oder quer zur Fahrtrichtung), oder Spiralfedern (stehend oder liegend), aber auch Torsionsstäbe und neuerdings sogar Metallgummi-Torsions-Patronen.
Die Arbeitsweise von Blattfedern und Spiralfedern dürfte so allgemein bekannt sein, daß es darüber nichts Neues mehr zu sagen gibt. Die Wirkung der Torsionsstäbe beruht darauf, daß ein Stab aus gutem Stahl auf Verdrehung beansprucht wird und damit eine Federwirkung gibt. Bei der allerneuesten Art der Metallgummi-Patrone, ist es so, daß in einem Rohr von etwa 8—10 cm Durchmesser und etwa 20—30 cm Länge bei einer Wandstärke von etwa 4—5 mm eine besondere Gummimasse einerseits fest mit der Innenwand des Rohrers, andererseits mit einem Stab oder Rohr von etwa 2—3 cm Außendurchmesser, der sich im Zentrum der Patrone befindet, fest verbunden ist. Dieser mittlere Stab trägt den Schwinghebel, an dem das Rad gelagert ist. Die Gummimasse wird also ebenfalls auf Torsion beansprucht. Dieses Federungssystem ist außerordentlich einfach, bedarf überhaupt keinerlei Pflege, hat keinerlei Schmierung nötig. Die Patente befinden sich in den Händen großer Gummiwerke, es herrscht darüber auch noch reichlich Unklarheit, sodaß eine praktische Auswertung augenblicklich noch nicht möglich ist. Ich erprobe eben gerade ein solches Fahrgestell, um mir nach einigen Jahren ein eigenes Urteil darüber bilden zu können.
Meine Erfahrungen mit Rahmenfahrgestellen alter und Zentralrohrfahrgestellen neuerer Art, mit Starr- und Schwingachsen, mit Spiral- und Blattfedern haben dazu geführt, dem einzeln abgefederten Rad mit Spiralfeder den Vorzug zu geben, erstens einmal, weil es im Gewicht gering ist, zweitens weil es größtmöglichste Bodenfreiheit ergibt, drittens weil es material- und damit kostensparend, also im Sinne des Vierjahresplanes und des eigenen Geldbeutels liegt. Das Nachziehen von unnötigem Gewicht ist nicht ökonomisch, sondern Verschwendung, es kostet Kraftstoff, Schnelligkeit und erschwert auch das Handhaben des abgehängten Anhängers von Hand. Natürlich hilft es nicht viel, wenn die Fahrgestellbauer Gewicht einsparen und der Wohnwagenreisende dann umsomehr in den Wagen einlädt. Auch hier soll eine weise Beschränkung herrschen, ohne daß auch nur irgend ein nötiges Stück zu fehlen braucht. Wem ein starker Zugwagen zur Verfügung steht, merkt von 50 oder 100 kg Mehrgewicht nichts, meist ist es aber doch so, daß ein mittlerer oder gar ein leichter Kraftwagen vorhanden ist und ein solcher spürt jegliche Mehrbelastung besonders am Berg. Unser Ziel ist aber doch, auch mit dem Anhänger hohe Reisegeschwindigkeiten in stark bergigem Gelände durchhalten zu können und dazu ist es unumgänglich nötig, jedes überflüssige Kilogramm wegzulassen. Zwischen absolut gleichwertigen Fahrgestellen können jedoch Gewichtsunterschiede von 80 kg und darüber festgestellt werden.

Die Pflege des Fahrwerkes des Anhängers und die Nachschau ist ja so einfach, daß auch jeder Laie damit zurechtkommt, wenn er nur Augen im Kopfe hat. Wenn ihm etwas nicht geheuer erscheint, und er selbst kein Urteil darüber hat, dann auf jeden Fall sofort zu einem Fachmann und keinesfalls warten, bis „das Ding einfach nicht mehr umgeht". Das erstere kostet vielleicht ab und zu zwei Mark, das letztere aber meist viel viel mehr, abgesehen von der Fahrlässigkeit, die ihm vorgeworfen werden würde, wenn er z. B. durch einen Unfall andere Wegebenutzer in Gefahr bringt.
Auf den Bildern sehen wir einmal ein Rahmenfahrgestell mit durchgehender Achse nach alter Art, wie sie in England und Amerika immer noch verwendet werden, wenngleich nun auch dort schon ab und zu Ansätze zu Torsions- oder Spiralfederungen zu bemerken sind. Weiter sehen wir ein Zentralrohrfahrgestell System Bungartz mit zwei übereinander gelagerten, quer zur Fahrtrichtung stehenden Blattfedernpaketen, schließlich ein sehr leichtes Fahrgestell mit Zentralrohr und einer liegend angeordneten Spiralfeder. Die letzteren Fahrgestelle weisen im Gegensatz zu den beiden erstgenannten eine besonders große Bodenfreiheit auf, wobei beachtenswert ist, daß diese Bodenfreiheit nicht nur in der Mitte des Fahrzeuges, sondern in der ganzen Breite zwischen beiden Rädern besteht. Das ist gerade bei Wohnwagen bedeutungsvoll, weil man im Gelände oft über Baumstümpfe und dergl. fahren muß und ein Hängenbleiben mit dem Anhänger allerlei Kummer bereitet. Neben diesen Fahrgestellen gibt es noch eine Menge anderer; gewarnt sei aber ausdrücklich vor selbst zusammengebastelten Fahrgestellen aus Teilen, die man von Autoausschlachtgeschäften billig zu erstehen glaubt; denn ab 1. 10. 38 muß ja jeder Anhänger den Zulassungsbehörden vorgeführt werden. Der Besitzer muß einen Anhängerschein mit sich führen und den erhält man keinesfalls für solcherart hergestellte Fahrzeuge, sodaß alles aufgewandte Geld glatt hinausgeworfen wäre.

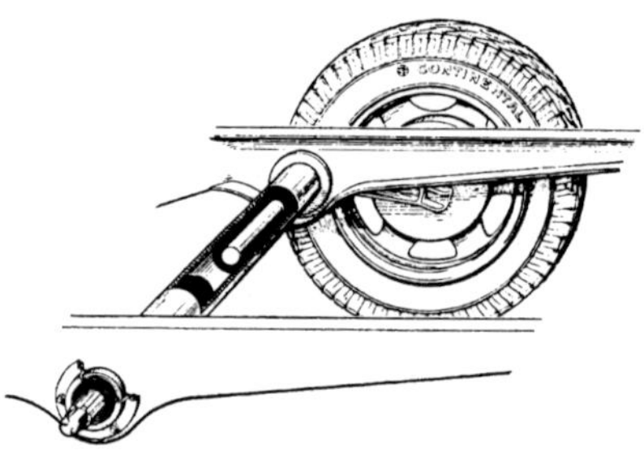

Conti „Schwingmetall" Radabfederung
(Metallgummi-Torsions-Patrone)

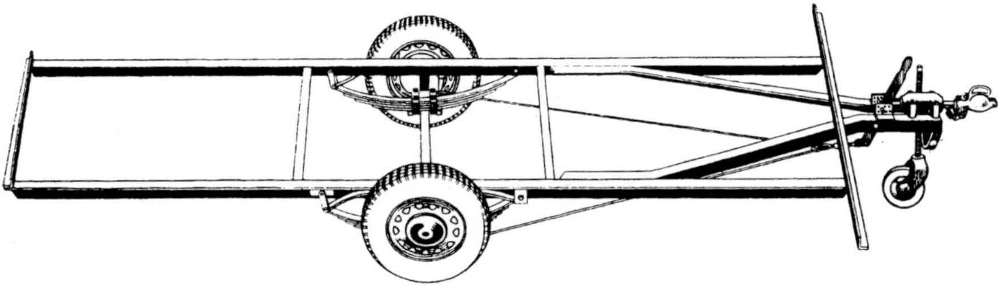

Rahmenfahrgestell mit durchgehender Achse und Halbepileptikfedern. Typisches englisches Fahrgestell, System „Jubilee“ mit Handbremse und Rangierrad

Zentralrohr mit Querträgern, einzeln gefederten Gewicht, ca. 160 bis 180 kg Rädern, an doppelten Querfedern aufgehängt

Man darf aber auch nicht „zu leicht“ im Sinne von „ungenügend“ bauen, denn mit den auch beim Anhängerbetrieb ständig zunehmenden Geschwindigkeiten nehmen die Beanspruchungen, die an das Fahrwerk gestellt werden, sehr stark zu. Wenn ein Gespann mit 100 km über die Strecke geht, treten gewaltige Kräfte auf. Man sehe daher vor allem das Fahrgestell recht häufig in seinen Einzelheiten nach, umsomehr als man ja gerade draußen im Grünen genügend Zeit hat, auch mal unter den Anhänger zu kriechen, ohne sich sonderlich zu beschmutzen. Man nehme von Zeit zu Zeit ein Rad ab, prüfe ob die wenigen Muttern fest sitzen und wird finden, daß dann und wann eine fehlt trotz der vorhanden gewesenen Konter- oder splintgesicherten Kronenmuttern. Durch die Rüttelbeanspruchungen werden sowohl Splinte abgescheuert wie Kontermuttern verloren, wie die Praxis entgegen der Theorie immer wieder beweist. Meist sind auch ein oder zwei Schmierstellen (Nippel usw.) zu versorgen. Gebrochene Blattfeder-Blätter, halb durchgescheuerte Bolzen, lahme Spiralfedern und ähnliches kann man bei solchen Revisionen finden. Wenn man dann langsam und vorsichtig zur nächsten Werkstätte fährt, ist es eine Kleinigkeit, das wunde Teil in Ordnung zu bringen. Man merkt nämlich vom Führersitz des Kraftwagens aus nichts, wenn's hinten unterm Anhänger quitscht und scheuert, und wenn man es erst mal bis nach vorne hört, ist's meist schon zu spät. Dann ist irgend etwas bereits sehr stark in Unordnung geraten, sodaß man oft keine 100 m mehr fahren darf.

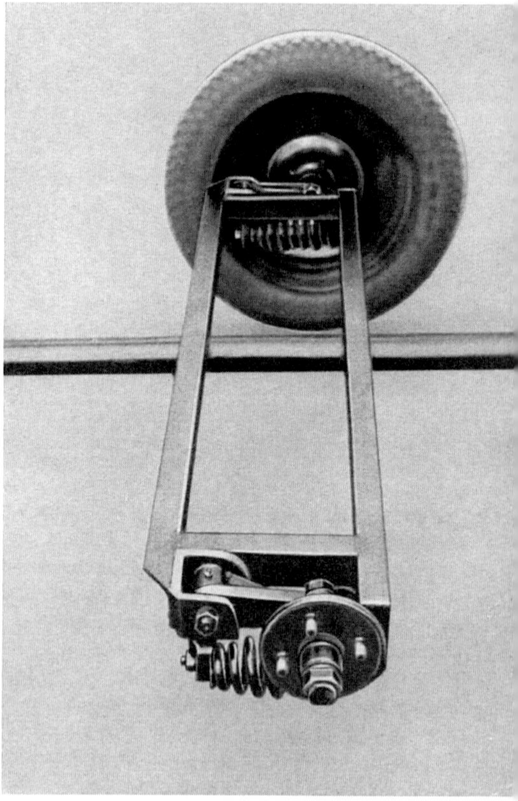

Modernes Fahrgestell mit einzeln abgefederten Rädern, Schwinghebel u. Spiralfedern. Gewicht 100 bis 120 kg

Der Wohn-Aufbau.

Wie beim Kraftfahrzeug ging man zuerst auch im Anhängerbau den vom Kutschwagenbau her gewohnten Weg. Man fertigte aus vielen Einzelteilen ein Gerippe und bezog dieses außen- und teils auch innenseitig mit Sperrholz, Blech, in neuerer Zeit vorwiegend mit Hartplatten, die bei den Amerikanern und Engländern Presdwood, Masonite und ähnlich benannt werden, während wir im Reich ein halbes Dutzend anderer Markennamen, z. B. Kapagplatten, Isolitplatten usw. kennen.
Diese alte Bauart war teuer, schwer und trotzdem wenig haltbar. Ich ging daher bei meinen Wohnwagenbauten schon sehr bald zu einer selbsttragenden Plattenbauweise über, die jedes Gerippe vermeidet und erzielte damit erstens einen billigeren Herstellungspreis, zweitens bedeutend leichteres Gewicht und eine längere Lebensdauer. Sperrholz für Außenbeplankungen erwies sich auch nicht als die „wahre Liebe", so daß ich nun ausschließlich Hartplatten verwende. Aus solchen Preßplatten werden die ganzen Seitenwände herausgeschnitten, desgleichen die Tür-, Fenster- und sonstigen Öffnungen. Zwei Seitenwände und eine darüber gewölbte Dachplatte zusammen mit einem Bodenteil ergeben einen sich selbst tragenden Kasten. Dieses im Bergerwerk nach verschiedenen Patenten entwickelte Bauverfahren hat sich außerordentlich bewährt. Ja, man kann sagen, daß hier im Anhängerbau bereits eine höhere Entwicklungsstufe erreicht ist, als im Kraftwagen-Aufbau da und dort noch üblich.
Außenseitig werden die Kastenaufbauten entweder lackiert oder mit Kunstleder bezogen, innenseitig lackiert oder tapeziert.
Die Fenster werden teils fest eingebaut, teils zum Aufschieben oder Aufklappen gestaltet. Die Möbeleinbauten werden meist mit den Wagenwänden starr verbunden und zur Versteifung des Ganzen mitverwendet. Die Inneneinbauten können gut und gerne aus Sperrholz gehalten sein, da dieses hier weniger durch eindringende Feuchtigkeit gefährdet ist und bei entsprechender Beizung z. B. auf Oregon durch eine schöne Holzmusterung das Wageninnere schmückt.
Man pflege Außenlackierung oder Kunstlederüberzug in besonderem Maße, für das Kunstleder gibt es Wachspasten. Der Wachsüberzug verhindert, daß sich der im Regen enthaltene Schmutz direkt mit dem Kunstleder verbindet. Ein gewachstes Kunstleder läßt sich viel besser reinigen als ein ungewachstes, man achte darauf, daß der Anhänger schon vor der ersten Fahrt in der Fabrik einmal mit Wachspaste überzogen wird. Besonders hüte man sich vor frischgeteerten Straßen. Wenn schon unvermeidlich, dann langsam darüber hinweg, damit wenig Teerteilchen von den Hinterrädern des Zugwagens an die Stirnwand des Anhängers geschleudert werden. Leder- oder Gummilappen an den hinteren Schutzblechen des Zugwagens tun überhaupt gute Dienste, wenngleich sie nicht schön aussehen.
Bei Sperrholzwagen achte man besonders, daß keine Feuchtigkeit eindringen kann. Bei Wagen mit Blechüberzügen, in England und Amerika gibt es ganz aus Stahlblech in Form gepreßte Wohnanhänger, achte man besonders auf gute Isolation. Hier ist Doppelwandigkeit unerläßlich, weil Metall ein guter Wärmeleiter ist und dadurch die Wagen in der Sonne sehr heiß und in der Nacht sehr schnell kalt werden, was bei bei Holz- oder Preßplatten-Aufbauten in nicht so starkem Ausmaße der Fall ist.

Alte Bauart, ein Holzgerippe, das außen und innen mit Sperrholz, Hartplatten, auch Blech verkleidet wird

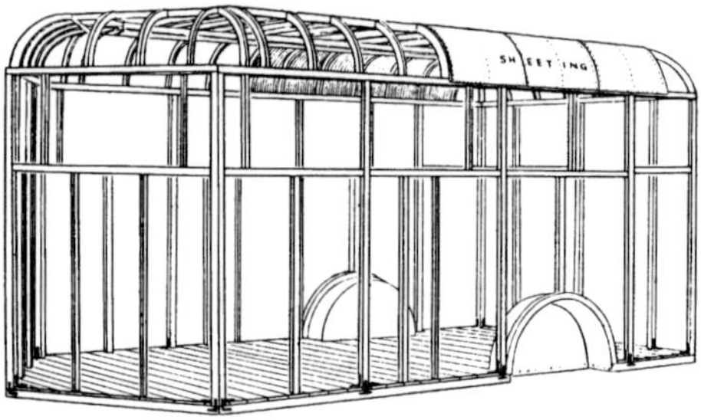

Neuere Bauart, ohne tragendes Gerippe. Die Seitenwände wurden aus ganzen Hartplatten herausgeschnitten. Dann mit Querpriegeln oben und Bodenbretter unten in entsprechendem Abstand gehalten. Dann wird die Dachplatte übergezogen

Werkaufnahmen

Ein- oder doppelwandiger Wagenaufbau?

Für deutsches Klima hat sowohl der einwandige wie der doppelwandige Wagenaufbau seine Berechtigung. Warum eigentlich doppelwandig? Die doppelte Wandung soll den Zweck haben, den Wohnraum im Sommer bei Sonneneinstrahlung kühler, im Winter bei geringer Außentemperatur wärmer zu halten, vor allem aber das Beschlagen der Innenwände mit Feuchtigkeit verhindern. Der Ausatmungsdunst der Wageninsassen, der Kochdampf und dergl. schlägt sich an den Innenwänden nieder (Kondenswasser), wenn der Temperaturunterschied zwischen Innen l u f t und Wagen w a n d ein größerer ist. Das beste Mittel zur Verhütung dieses Zustandes ist eine gute Lüftung des Wagens. Im Winter müssen also die Ventilationsklappen erst recht geöffnet werden, beim Kochen auch die Fenster. Ganz vermeidlich ist eine Kondenswasserbildung im Wageninneren niemals, ebenso wenig wie es bisher gelungen ist z. B. in Küchenräumen von festen Häusern das Beschlagen der Wände und besonders der Fenster, wenn der Temperaturunterschied zwischen innen und außen ein größerer ist, zu vermeiden.

Meine Erfahrung mit ein- und doppelwandigen Wagen sagt mir bis jetzt, daß der Einwandwagen allen Anforderungen für den Wochenendgebrauch und Feriengebrauch im Sommer vollauf genügt und sogar auch das gelegentliche Kampieren im Winter, also die Verwendung des Wagens als Skihütte gestattet, wenn man immer für gute Lüftung sorgt. Wer aber z. B. beruflich wochen- und monatelang tagtäglich vor allem im späten Herbst oder frühen Frühjahr im Wagen wohnen will, für den ist der doppelwandige und dazu noch gut isolierte Wagen angebracht.

Die doppelten Wände allein tun es noch nicht. Gewiß isoliert eine zwischen zwei Wänden eingeschlossene nicht zirkulierende Luftschicht; besser isoliert jedoch irgend eine die Wärme schlecht leitende Füllung, z. B. Torfmull (Ungeziefer!), Baumwolle, Wolle, Fasern, Watte, Filz, Stroh, Zeitungspapier, Isolierplatten. Als gute Isolierung erscheint auch die Aluminiumfolie, die entsprechend geknittert zwischen die Wände einfach oder doppelt eingelegt wird. Hier beruht die Wirkung auf dem Strahlungsprinzip. Die Wärmestrahlen werden durch die spiegelnde Folienschicht zurückgeworfen, sie können also die Wände nur sehr langsam durchdringen.

Über die Isolierwirkungen wird in den beteiligten Fachkreisen viel Theorie verzapft, der eine schwört auf dieses, der andere auf jenes. Wie groß nun eigentlich der wirkliche, also mit dem Thermometer meßbare Unterschied zwischen zwei völlig gleich großen, völlig gleichartig gebauten und gleichartig benutzten Wagen ist, will ich durch genaue Messungen im Laufe eines Jahres feststellen. Einige Meßergebnisse findet der Leser nachstehend. Sie zeigen zunächst, daß der einwandige Wagen etwas schneller auf Einwirkung von außen reagiert als der doppelwandige, aber der Unterschied ist für den praktischen Gebrauch so gering, daß man es gar nicht sonderlich merkt, und schließlich ist die Sache doch die, daß, wenn die Sonne scheint, man nicht im Wagen sitzt, sondern es sich draußen gemütlich macht, und wenn sie nicht scheint, dann ist es wiederum in dem einen wie in dem anderen Wagen nicht wärmer oder kälter als draußen. Bei starker Kälte ist es nötig, den einen wie den anderen Wagen zu heizen (mit Kochapparat, Lampe oder Heizsonne usw.). Wenn geheizt wird, müssen beide Wagen gut gelüftet werden, weil alle Heizungen Sauerstoff verbrauchen und mit dieser Lüftung kommt auch neue kühle Luft herein. Ein hermetisch verschlossener Wagen, in dem geheizt wird, könnte lebensgefährlich werden, also nachts, während man schläft, nie heizen. Im Schlafsack ist es immer warm — im Wagen hingegen so warm, wie es eben sonst in einem ungeheizten Schlafzimmer auch ist.

Die im Verhältnis zu den Wandflächen des Wohnwagenraumes ziemlich großen Glasflächen der Fenster tragen stark zur Erwärmung durch Sonnenstrahlung oder Abkühlung von außen her bei. Man müßte sie bei Sonne durch spiegelnde Blechblenden, die außen angebracht sind, abdecken. Man müßte gegebenenfalls auch die Fenster doppelwandig machen. Das alles hat aber nur wirklich Sinn für Wagen, die in den Tropen oder im Winter viel verwendet werden.

Der einwandige Wagen hat hingegen wiederum den Vorzug viel leichter zu sein, er braucht einen schwächeren Zugwagen, bzw. weniger Kraftstoff, oder er ermöglicht höhere Geschwindigkeiten bzw. bessere Berggängigkeit und Handlichkeit im abgekuppelten Zustande. Außerdem erwärmt er sich am Morgen mit den ersten Sonnenstrahlen schneller als der doppelwandige. Der Letztere hält am Abend die untertags aufgespeicherte Wärme im Wagen länger zusammen. Das zeigt also die Vergleichstabelle, in der Wirklichkeit ist es aber wiederum ganz anders, denn da bleiben nicht die Türen und Fenster geschlossen, sondern man springt doch hundertemale am Tag aus und ein, macht die Fenster auf, wenn es zu warm, und schließt sie, wenn es zu kalt wird, heizt ein, wenn man das Bedürfnis dazu hat, kurz und gut, man richtet es sich eben so, wie man es sich wünscht und wer das nicht tut, der schwitzt oder friert, in ein- und im doppelwandigen Wagen — und es geschieht ihm auch ganz recht.

Die Versuchsmessungen werden weitergehen, ich werde feststellen, wie es ist, wenn man die Fenster offen läßt, wenn man die Ventilationen offen läßt, wenn man den Wagen heizt und bewohnt usw. Alles wird fein säuberlich in Celsiusgraden aufgeschrieben und später einmal entsprechend veröffentlicht.

Soviel weiß ich aber nach einer jahrelangen Wohnwagenpraxis schon heute, daß es sich im einwandigen Wagen so gut wie im doppelwandigen leben läßt, wenn man so handelt, wie es die jeweiligen Umstände gerade erforderlich machen.

Zeit Ende Februar Uhr	Außentemperatur nahe am Wagen, aber stets im Schatten gemessen	Innentemperatur im einwandigen Anhänger	 im zweiwandigen Anhänger, mit Isolierung zwischen den Wänden	Die Wagen waren unbewohnt, alle Fenster und Luftklappen geschlossen, keine Innenheizung
		Sonniger Tag		
6	− 3	− 3	− 3	Wagen seit 24 Stunden im Freien, außen mit Reif beschlagen, die Fenster sind gefroren
8	− 1	− 3	− 3	
9	+ 3	− 1	− 1	
10	+ 5	+ 4	+ 3½	
11	+ 7	+ 8	+ 6	Wagen werden von der Sonne angestrahlt
12	+ 9	+ 10	+ 8	
13.30	+ 9	+ 14	+ 11	
14.15	+ 10	+ 17	+ 15	
14.45	+ 10	+ 19	+ 16	
15	+ 9	+ 18	+ 17½	
15.45	+ 9	+ 17	+ 17	
17.30	+ 6	+ 11	+ 14	Wagen sind im Schatten
18	+ 5	+ 8½	+ 11½	
19	+ 3½	+ 5	+ 8	Nacht, Himmel bedeckt, regnerisch
20	+ 3	+ 3½	+ 5	
		Bedeckter Tag		
6	+ 5	+ 5	+ 5	
8	+ 6	+ 6	+ 5	
9	+ 8	+ 7	+ 6	Nachts Regen
10	+ 10	+ 9	+ 9	bedeckter Himmel
11	+ 11	+ 11	+ 10	
12	+ 12	+ 13	+ 11½	
14.25	+ 13½	+ 15½	+ 14	¼ Stunde schwache Sonnenanstrahlung
14.30	+ 13½	+ 17	+ 15½	
15	+ 13	+ 16	+ 15½	
16	+ 12	+ 15	+ 15	
16.30	+ 11	+ 14½	+ 14½	bedeckter Himmel
17.15	+ 9	+ 12	+ 13	
18.15	+ 8	+ 10	+ 11	
20	+ 5	+ 6	+ 7	Nacht, Himmel bedeckt
		Sonniger Tag mit Wind		
8	+ 1½	+ 1½	+ 1½	Klarer Morgen
8.45	+ 3	+ 4	+ 2½	Sonnenschein auf die Wagen
9.45	+ 4	+ 7	+ 5	mittlerer Wind
10.45	+ 6	+ 8½	+ 8	
11.15	+ 5	+ 8	+ 8	Wolkenbildung
12.15	+ 7½	+ 9	+ 8	stärkerer Wind
1.30	+ 9	+ 11½	+ 11	
2.15	+ 10	+ 12½	+ 12½	
2.50	+ 10	+ 16	+ 15	
3.30	+ 9	+ 15½	+ 16	
4.10	+ 9	+ 17	+ 17	
5.05	+ 6½	+ 12	+ 14	
5.30	+ 6	+ 10	+ 12	Windstille
6.30	+ 3	+ 5	+ 8	
8	+ 1½	+ 2½	+ 4	

Anhänger=Ruhestützen.

Der Einachsanhänger steht zunächst auf seinen zwei Rädern. Weiterhin hat er gewöhnlich vorne unter der Deichsel einen Kippständer, damit man ihn im abgekuppelten, das heißt also, im nicht mit dem Zugauto verbundenen Zustande, so aufstellen kann, daß sein Boden waagrecht ist.

Betritt man nun solch einen Anhänger, so findet man, daß er schaukelt, und das wird bei einer Dauerbewohnung unangenehm empfunden. Infolgedessen erfand man Ruhestützen. Dies sind kräftige Füße, die man irgendwie herunterklappt, schiebt, schraubt und so auf die Erde setzt, daß der Wagen dann nicht nur auf den zwei Rädern und Kippständer, sondern auf weiteren 4 Beinen absolut ruhig steht.

Auch diese „Beine" gibt es in mannigfaltigen Ausführungen, wie einige nachfolgende Skizzen englischer und deutscher Wagen zeigen, die einer weiteren Erklärung nicht mehr bedürfen.

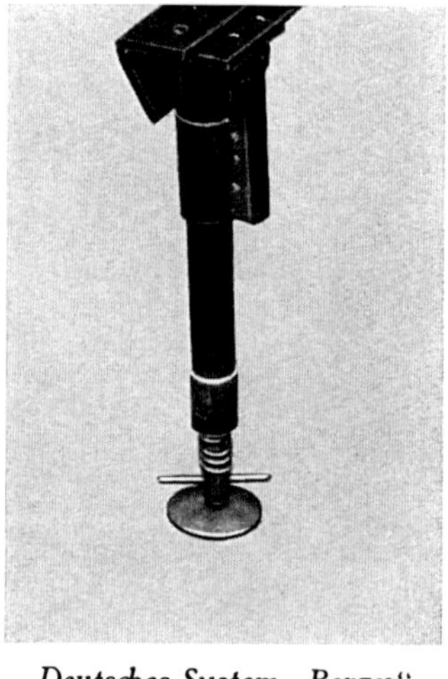

Deutsches System „Berger"

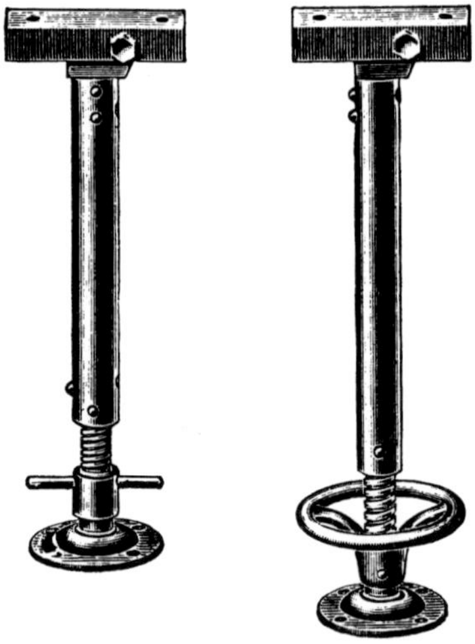

Englische Systeme „Joseph Lea and Sons"

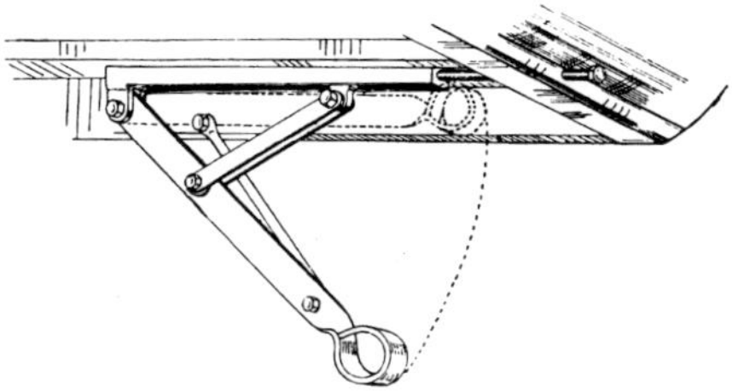

Englisches System „Cruiser“

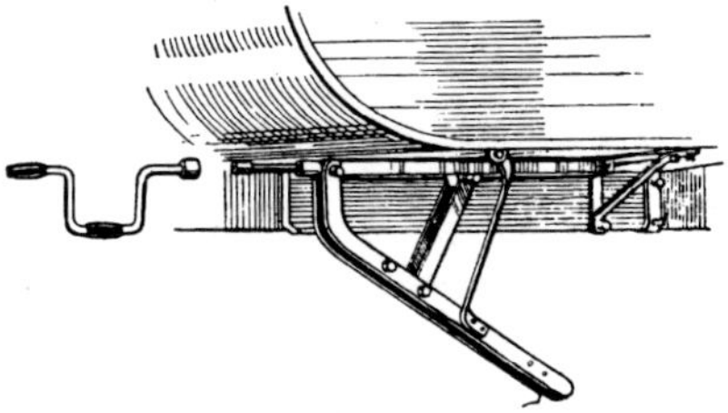

Englisches System „Winchester“

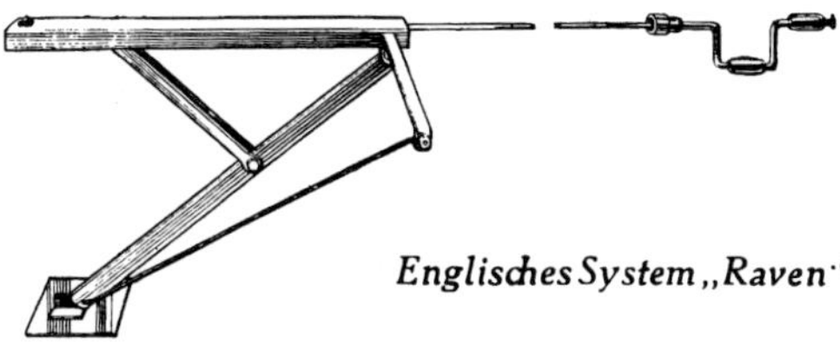

Englisches System „Raven“

„E. Z. Jack“ geschlossen

„E. Z. Jack“ offen

Amerikanisches System „E. Z. Jack“

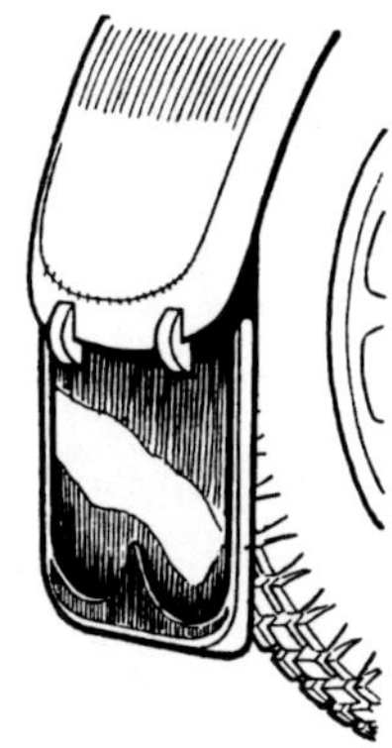

Verlängerte Schutz=bleche an den Hinter=rädern der Zugwagen zum Schutze der Vor=derseite des Anhän=gers vor zu starker Beschmutzung und Steinschlag=Schäden

Wagen=Klosetts

Gewiß ist für uns in Deutschland das im Wohnwagen eingebaute WC. nicht allzu wichtig, solange man nach guter alter Zeltlerart mit einem Spaten bewaffnet in den Wald gehen kann, aber in manchen Ländern ist es anders. Da ist weit und breit die „Stellung eingesehen", kein Baum, kein Strauch — oder man ist in einem Zeltlager, auf einem der amtlichen Zeltlagerplätze, da wird die Sache kritisch. Es gibt noch andere Gründe, die für ein Wagenklosett sprechen, gar manches spricht aber auch dagegen. Wer dagegen ist, der sei auf das Toilettenzelt hingewiesen, das sich besonders in England neben dem Wagenklosett eingeführt hat und sich bei uns mit der zunehmenden Konzentration auf den vorbereiteten Zeltlagerplätzen ein=führen wird.

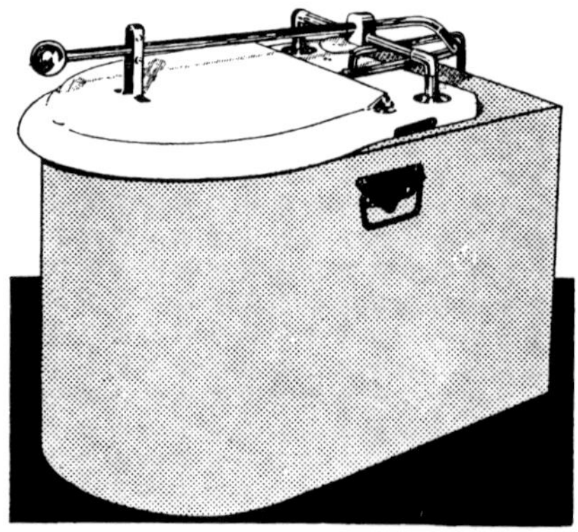

Man verwendet vorwiegend Trockenklo=setts in den Wagen wie auch in den Zel=ten. In England und USA. gibt es Spe=zialfirmen, von denen man derlei be=ziehen kann, bei uns ist es noch nicht so weit. Wohl gibt es auch Trocken=klosetts, aber die Ausführungen sind meist zu groß und schwer, weil sie vorerst nur für Heimgartenlauben und Luftschutz=räume gebaut wurden.

Die „Hinterhöfe" einer Wohnwa=genstadt. Wasch- u. Toillettenhäus=chen d. englischen Teiles des Wies=badener Lagers

Lichtbild: Theo Rockenfeller

Entlüftungsklappen

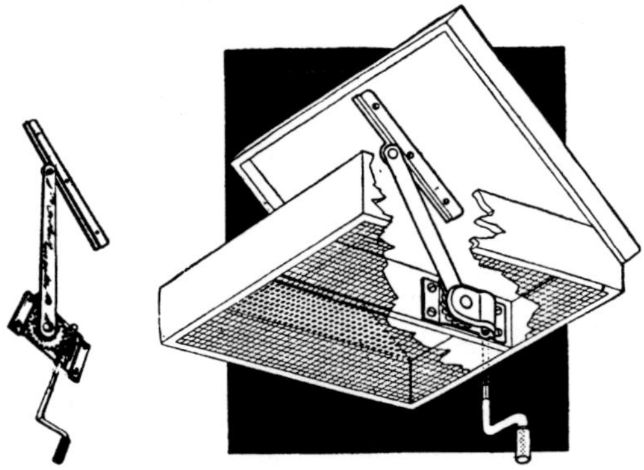
Dachventilation

Auch hier gibt es die verschiedensten Systeme. Am meisten verwendet werden sogenannte Schlittenschieber, die dann eine Reihe senkrecht stehender ovaler Öffnungen freigeben. Diese Art eignet sich zum Einbau an senkrechten Wänden. Schwieriger ist eine Lüftungsklappe, die auf dem Dach sein soll. Ich zeige hier eine amerikanische Konstruktion, die auch noch ein Mückengitter hat, wie es überhaupt sehr wichtig ist, daß alle Öffnungen, die nachts aufbleiben sollen, durch Mückengitter oder Mückennetze den Mücken den Eintritt ins warme Wageninnere verwehren müssen.

Typisches „Caravan“-Inventar

Für englische Wohnwagen hat sich bereits eine bestimmte Ausstattung durchgesetzt.

Es handelt sich vornehmlich um:

1 zweiflammiges Kochgerät
1 Ofen
1 fliegensicherer Schrank
6 Tassen
6 Untertassen
6 kleine Platten
6 große Platten
1 Zuckerdose
4 Gläser
2 Milchkannen
1 Bratpfanne
3 weitere Pfannen
1 Milchtopf
1 Fischkelle
1 eingebautes Waschbassin
1 eingebautes Spülbecken
1 Kehrichtschaufel und Besen
4 Behälter für Tee, Kaffee usw.
1 Büchsenöffner
1 Korkzieher
6 Messer
6 Gabeln
6 Dessertlöffel
6 Teelöffel
6 Brotmesser
1 Backblech
4 Eierbecher
1 Salzdose
1 Pfefferdose
1 Mustard-Dose, Senfdose
1 Ölflasche
2 Wasserkannen
1 Eimer
4 Kissen
4 Bettmatratzen
1 Türmatte (Fußabstreifer)
1 elektrische Lampe (Batterie)
1 Brotkasten
1 Zeitungsständer
1 Teegedeck
1 Garderobeschrank
Spiegel
Teppiche

Einrichtung eines Wohnwagens

Merkblatt – damit man Wichtiges nicht vergißt!

Licht und Heizung:

Lampe (Petroleum — Spiritus — Benzin)
2—3 Glühkörper als Reserve
Ersatz-Glühbirnen für die elektrische Innen- und Außenbeleuchtung
Ersatz-Sicherungen für den Zugwagen
Kocher (Spiritus — Petroleum — Benzin)
Luftdruckpumpe dafür
1 Trichter für Brennstoff Ein- und Umfüllungen
Heizsonne (Spiritus, Petroleum, Benzin)
Kerzen als Notbehelf
Zündhölzer oder Feuerzeug
Elektrische Taschenlampe (Batterie oder Dynamo)
Putzlappen für obige Heizgeräte
Bei älteren Benzingeräten: kleines Spiritusfläschchen zum Anheizen

Betten:

Matratzen
Schlafsäcke oder Daunen- bzw. Wolldecken
Keilpolster, Kopfkissen
Bettücher

Speise-Geschirr:

Eßlöffel
Gabeln
Messer
Kaffeelöffel
Eierbecher
Suppenteller, sonstige Teller
Fleischbrettchen
Kaffeetassen
Trinkbecher
Aufwaschlappen
Trockentücher

Reinigung:

Wassertank
Waschbecken
Spiegel
Waschzeugbeutel (Seife, Zahnbürste usw.)
Rasierzeug (Messer, Seife, Pinsel usw.)
Kleiderbürste
Schuhputzzeug
Imi-Scheuerpulver
Sandsteinseife
Handtücher
Toilettenpapier
Kleiderhölzer
Hosenbügel
Fußabstreifer (vor dem Wohnwagen)
Bodenteppich (Kokosläufer usw.)
Putzlappen für nassen Wohnwagenboden
Kehrichtbesen und Schaufel

Kochgeschirr:

Kochtöpfe
Bratpfanne
Kaffee- oder Teekanne
Kochlöffel
Büchsenöffner
Korkenzieher
Tee- oder Kaffeesieb (Tee-Ei)
Suppensieb (Spätzleseiher!)
Eierbehälter
Büchsenmilch als Reserve
Kanne für frische Milch (auch Flasche)
Kaffee- und Teebüchse
Zuckerbüchse
Salzbüchse (Pfeffer, Senf, Ölflasche)
Butterbüchse mit Glaseinsatz
Verschiedene leere Büchsen und Säckchen
Mehlbehälter
Thermosflasche
Thermos-Speisenbehälter
Einholnetz oder -beutel

Geschirrbefestigung im Typ „Berger Karawane“

Eingebauter Flaschenhalter im Berger Typ „Karawane“ D.R.G.M.

Werkaufnahmen

Kleidung:
Sport= bzw. Reiseanzug
Regenmantel
Trainingsanzüge
Hausschuhe
Badeanzüge und =kappen
Badeschuhe, Sandalen
Sonnenhut
Wasserfestes Schuhwerk
Übliche Stadtkleidung je nach Bedarf, meinetwegen bis zum Frack

Vordach:
Aufstellstangen dazu
Zeltpflöcke dazu
Leinen dazu
1 Außentisch, Tischtuch, Tuchhalter
Klappstühle

Allerlei anderes:
Musikinstrument, Grammophon, Radio, Spiele
Bleistift, Papier, Literatur
Geländekarten
Auto=Zeltplatzverzeichnisse
Etwas Kordel
Etwas Draht
Hammer, Zange, Büchse mit Nägeln und Schrauben, Thermometer
Kleine Reiseapotheke, Verbandstoff
Mückennetze für die Fenster usw.

Für den Zugwagen:
Decke für Motorhaube oder Schutzüber=zug für den ganzen Wagen (im Winter)
Katalytöfchen
Kleine Dose mit Fett für Kupplungskugel
1 Militär= oder Gartenspaten
1 Abschleppseil
Schneeketten im Winter

Der Wohnanhänger für Sonderzwecke.

Mit der zunehmenden Verbreitung des Wohnanhängers in Deutschland dringt dieses fröhliche Vehikel auch in Gebiete vor, für die es ursprünglich gar nicht gedacht war, bewährt sich dort aber nicht minder gut.

Es ist naheliegend, daß man mit dem Wohnanhänger auch schon im frühesten Frühjahr und spätesten Herbst reist und wenn man eines Morgens aufwacht, liegt Schnee auf dem Dach. Das beweist, daß man es schließlich auch im Winter in einem solchen Fahrzeug recht wohl aushalten kann.

So kam man denn gar bald darauf den Wohnanhänger auch als fahrbare Skihütte zu benützen. Ich habe erstmals auf der Winter-Olympiade in Garmisch-Partenkirchen einige Tage und Nächte bei Temperaturen von 8—14 Grad unter Null im Wohnanhänger gewohnt und seitdem gar manchen Nachahmer gefunden. Wesentlich ist nur, daß man gut lüftet, die Kochdämpfe stets durch das offene Fenster rasch ableitet und irgend eine Heizung (Lampe, Kocher oder Heizsonne) unterhält.

Andere wieder fanden, daß sich der Wohnanhänger auch als Jagdhütte hervorragend eignet. Zu einem solchen Zwecke wurde einmal eine „Karawane" durch aufgemalte Bäume getarnt. Es ist nicht bekanntgeworden, ob die entsprechenden Tiere den Schwindel nicht etwa erkannt haben.

Ein weiteres Gebiet ist der Wohnanhänger für den Geschäftsreisenden. Die meisten fahren heute mit dem eigenen Auto durch das Land, von Dorf zu Dorf, von Stadt zu Stadt, wochen- und monatelang ferne von Frau und Kind. War es nicht naheliegend, daß gar mancher den Wohnwagen in seinen Dienst stellte und sogar seine Frau mit auf

Eine „Karawane" als Skihütte am Endpunkt der Kreuzeck-Skiabfahrt bei Garmisch-Partenkirchen

Lichtbild: Hans Berger

Eine „Karawane" als fahrbare Jagdhütte, wurde durch aufgemalte Bäume entsprechend getarnt

Lichtbild: Theo Rockenfeller

die Reisen nahm. So ist beiden geholfen. Der Geschäftsmann erledigt seine Geschäfte, kann umfangreiche Musterkoffer im Anhänger oder seine Muster fein säuberlich an den Wänden aufgemacht mitführen. Er fährt bei seiner Kundschaft vor, lädt sie zum Besuch in seinen fahrbaren Ausstellungsraum ein, der vor der Tür des Kunden steht, nimmt das von der Frau bereitete Mittagessen im eigenen Heim zu sich und die Frau sieht und erlebt die Welt ihres Mannes. Am Abend finden sich beide im eigenen Heim, am eigenen Herd wieder ein, fahren noch ein wenig ins Grüne hinaus oder parken bei einem Geschäftsfreunde im Hofe oder Garten.

Diese Idee ins ganz Großartige übertragen, repräsentiert ein auf eine starke Zugmaschine aufgesattelter Ausstellungs=Büro= und Wohnanhänger der Kienzle=Uhrenfabriken, der seine ungewöhnliche Werbewirkung bereits auf der Internationalen Automobil= und Motorradausstellung Berlin unter Beweis stellte. Was hier im Großen unternommen wurde, kann jeder reisende Geschäftsmann im Kleinen mit einem normalen Wohnanhänger für seine Zwecke ebenfalls durchführen.

Aufgesattelter Anhänger mit Ausstellungs=, Büro= und Wohnräumen im „Hochparterre" als Werbewagen einer deutschen Uhrenfabrik

Kann man auch in Deutschland Wohnwagen mieten?

Jawohl, auch das kann man. Als erstes deutsches Unternehmen hat die „Selbstfahrer-Union“ seit dem Frühjahr 1937 einige Berger-Wohnanhänger in Berlin und Hamburg stationiert und verleiht sie zu nachstehenden Bedingungen:

Die Preise verstehen sich je Tag von 0 bis 24 Uhr einschließlich einmaliger Lieferung von Bettwäsche für 2 Personen und Inventar laut besonderem Verzeichnis. Versicherungsgebühr RM 1.— je Tag. Die Versicherung erstreckt sich auf Haftpflicht und Kasko (Selbstbeteiligung bei Kasko-Schäden RM 100.—). Das Gepäck des Mieters ist nicht versichert. Für Beschädigungen an Ausstattung und Inventar haftet der Mieter. Desgleichen bei Entwendung von Ausrüstungsgegenständen.

Tagesfahrt		RM 10.—
ab 4 Tage	je Tag	RM 9.—
ab 14 Tage	je Tag	RM 8.—
Wochenendfahrten von Sonnabend bis Montag 10 Uhr		RM 25.—

Eine gewisse Schwierigkeit liegt nur darin, daß man sich entweder eine Kupplungskugel an seinen Wagen anmontieren lassen muß oder sich einen mit einer Anhängevorrichtung bereits versehenen Zugwagen mit ausleihen muß.

Aber auch hier wird die Zukunft eine Verbesserung bringen, weil nun die Kupplungskugeln und ihre Anbringungshöhe genormt sind und alle deutschen Personenwagen in naher Zukunft eine Anbringungsvorrichtung bereits von Haus aus besitzen werden. Dann eröffnen sich für das Verleihgeschäft ähnlich große Aussichten wie in England und USA.

Die Lebensdauer eines Wohnwagens.

Dieses Buch wäre nicht vollständig, wenn es nicht auch an das Ende aller irdischen Dinge und in diesem speziellen Falle an das Ende des Wohnwagens dächte.

Die Frage nach der Lebensdauer eines Wohnwagens wird häufig gestellt. Sie kann nicht eindeutig beantwortet werden. Die Lebensdauer hängt sehr von der Art der Verwendung, der Pflege, des Winterquartiers und anderen Umständen ab. Einer wird seinen Wagen in 2 Jahren zusammengefahren haben, während ein anderer noch in 10 Jahren voll und ganz verwendungsfähig ist. Es ist auch hier wesentlich: kleine Schrammen und Verletzungen sofort auszubessern, damit die Feuchtigkeit nicht im Holz oder Metall Schäden anrichten kann. Ein trockener Unterstand ist viel wert, auch eine tägliche Sonnenbestrahlung macht den Anhänger wie den Zugwagen nicht besser. Wachstuchüberzogene Wagen sollen von Zeit zu Zeit mit Kunstlederwachs eingestrichen werden, damit das Leder geschmeidig bleibt, lackierte Wagen müssen von Zeit zu Zeit neulackiert werden. Dem Fahrgestell wende man besondere Aufmerksamkeit zu, entrosten, Lagerstellen schmieren, Reifendruck stets kontrollieren. Auf schlechten Straßen langsam und sorgfältig fahren.

Ein unerwartetes und ganz plötzliches Ende fand einmal ein Wohnwagen in der Nähe Leipzigs, er wurde in voller Fahrt von einem großen „Horch", der mit rund 100 km/std fuhr, gerammt. Der Originalbericht der „Leipziger Neuesten Nachrichten" lautet:

> „Am Sonnabendabend stießen in der Nähe des Forsthauses Raschwitz zwei Autos zusammen. Ein Wagen kam von Leipzig und wollte in die Friedrich-Eckardt-

Die Haftpflicht-Versicherung machte schließlich allen Schaden wieder gut

Der Angreifer, ein 8 Zyl. Horch büßte auch einiges von seiner Schönheit ein

> Straße einbiegen, als ein von Markkleeberg kommendes Auto mit einem großen Reiseanhänger die gleiche Stelle passierte. Dabei fuhr der von Leipzig kommende Wagen in den Reiseanhänger hinein und demolierte diesen fast vollständig. Der Kraftwagen selbst wurde in seinem vorderen Teile erheblich beschädigt.
>
> Als Ursache des Zusammenstoßes wurde festgestellt, daß bei dem aus Richtung Leipzig kommenden Wagen der linke Hinterreifen geplatzt war, sodaß der Wagen ins Schleudern kam und gegen den angehängten Wohnwagen des anderen Autos fuhr. Daß bei dem Unfall keine Verletzten zu beklagen sind, verdankt man wohl nur der Fahrsicherheit des einen Beteiligten, der im Berufe Fahrlehrer ist.
>
> Den Beschauern, die sich sofort in großer Anzahl an der Unfallstelle versammelt hatten, bot sich ein ungewöhnlich buntes Bild. Da es glücklicherweise keine Verletzten gegeben hatte, waren die Beteiligten in völliger Beherrschung der Sachlage verhältnismäßig ruhig. Die Frauen, die sich in duftige Dirndl verwandelt hatten, erkannten sofort ihre Hausfrauenpflichten. Während eine sich mit den Betten beschäftigte, die im wirren Durcheinander auf der Straße herumlagen, montierte eine andere eine wenigstens zum Teil heilgebliebene Kaffeemühle von der Wand, und eine dritte kümmerte sich um die arg beschädigten Rolljalousien. Den sorgenden Frauen zur Seite standen die beteiligten Männer, die wieder einmal ernste Gespräche führten. Nur einer von ihnen, sicher ein guter Familienvater, sammelte vorsichtig Glasscherbe um Glasscherbe in ein Waschbecken. Er war der einzige Verwundete bei der sonst unblutigen Angelegenheit. Dazwischen eifrige Polizisten, die sich mit der Rekonstruktion des Unfalles befaßten. Die Zuschauer begriffen die Situation schnell und ermunterten die Schaffenden mit guten Ratschlägen und boshaften Anspielungen. Unbeschädigt waren nur ein Satz Biergläser — die der Besitzer als Wichtigstes sofort erkannt hatte — und eine Uhr geblieben, die, unberührt von den Ereignissen, gleichmäßig ihren Gang weitertickte."

Um ähnliches Unheil etwa durch ein Verlieren des Anhängers zu verhüten, achte man besonders auf eine einwandfreie und irgendwie doppelt gesicherte Anhängerkupplung. Mir selbst ist einmal ein Anhänger in voller Fahrt (70 km/std) „ausgekommen". Und es war ein recht übles Gefühl, als ich den Anhänger auf einen dichtbefahrenen Radfahrerweg zurasen sah. Zum Glück wurde er vom Bordstein abgelenkt, kam dann dem inzwischen von mir abgebremsten Zugwagen wieder nachgerannt. Schon erwartete ich den Aufstoß des Anhängers von hinten her, als mein „Gasfuß" geistesgegenwärtig wieder Vollgas gab und somit den Aufstoß gelinder gestaltete. Als der Aufstoß erfolgt war, bremste ich erneut rasch ab und brachte damit den Anhänger wieder in meine Gewalt und das Ganze zum Stillstand. Ein Schaden war nicht entstanden, denn ein verbogenes Nummernschild und ein kleines Loch im Anhänger zählte nicht, in Anbetracht dessen, was entstehen hätte können. Die Frage, warum der Anhänger ausgekommen ist, konnte nicht beantwortet werden. Wahrscheinlich hat sich bei einem vorherigen Aufenthalt in der Stadt irgend jemand mit dem Kupplungshebel spielerisch betätigt und den Kupplungshebel geöffnet. Seitdem sichere ich die Schließung der Kupplung nochmals eigens durch ein Vorhängschloß.

Auto-Zeltplätze im allgemeinen und Wohnwagen-Plätze im besonderen.

Mit der zunehmenden Ausdehnung des Reisens im Auto und dem Wohnen im eigenen mitgeführten Hauswagen bedarf es auch besonders bereitgestellter Plätze, wenn nicht das dann stärker um sich greifende „wilde" Zelten zu Konflikten mit den Grundstücksbesitzern Anlaß geben soll.

Gewiß ist heute in Deutschland bereits der Anfang zu einem besonders für Autowanderer geeigneten Zeltplatz-Netz gemacht, rund 200 Plätze stehen bereit, den Autowanderer mit Zelt oder Wohnanhänger aufzunehmen, aber noch fehlen auf den Plätzen oft die dringendsten Erfordernisse (Trinkwasser, Aborte, ständige Sauberhaltung des Platzes usw.) und daher möchte ich hier doch auch einige amerikanische Vorschläge für Wohnwagen-Parkplätze aufzeigen, denn drüben haben die 300 000 mobilen Häuser es bereits notwendig gemacht, zu einer gewissen Ordnung zu kommen.

Die Abbildungen sprechen für sich, sodaß zu denselben nicht allzu viele Erklärungen gegeben werden brauchen. Wenn es auch manchem alten Zeltmann überflüssig erscheinen mag, derlei hochfliegende Pläne auch nur zu erwägen, so hat es sich doch bereits auf einigen der ersten amtlichen Autozeltplätze Deutschlands, die im Sommer 1937 viel besucht wurden, gezeigt, daß es ganz ohne Ordnung und Aufsicht nicht geht. Es kann daher nicht schaden, zu wissen, wie man es anderswo macht. Ein wirklich schöner, gepflegter Platz in einem Park nahe einer interessanten Stadt wird für viele Wohnwagenwanderer und auch devisenbringende Wohnwagen-Ausländer einen größeren Reiz ausüben, als irgendwelche andere Vorkehrungen, die zur Anlockung von Gästen getroffen wurden. Hier ist ein Gebiet für private Unternehmer, Gaststätten, die etwas Gelände zur Verfügung haben, Fremdenverkehrsvereine usw. und es ist ganz und gar falsch, zu denken, daß die Wohnwagensache den Hotels in die Quere kommt. Es ist ganz im Gegenteil Sache der Gastwirte, sich auf die veränderten Wünsche der Gäste einzustellen und neben Zimmern und Garagen wie bisher, nun auch wohnliche Parkplätze für jene bereitzustellen, die das eigene Zimmer mitbringen, auch wenn sie mal selbst im Wagen kochen. Wenn die Gastwirte die Forderungen der Zeit nicht erkennen, dann werden sich andere Unternehmer und vor allem auch die in Frage kommenden Vereinigungen klubeigene Plätze schaffen. Unter den ersten 200 deutschen Autozelt= und Wohnwagen=Parkplätzen befinden sich sowohl klubeigene, private, wie auch solche von Fremdenverkehrsvereinen und von Gaststätten. Einst mußte das Gasthaus an der Land=straße stehen und Stallungen für die Pferde bereithalten, später mußte es zum Bahnhof kommen, heute mit dem zunehmenden Autoreisen kehrt es mehr und mehr wieder zur Landstraße zurück. Es hat vor allem Garagen bereitzuhalten, morgen wird es eine Zelt= und Wohnwagenwiese neben „gepflegten Bieren und Weinen" anbieten müssen, um vom Wohnwagen=Reisenden angenommen zu werden, übermorgen aber daneben noch eine Landewiese oder ein Flachdach für die Gäste, die von oben kommen.

Ja, da lachen wir ein wenig, warum auch nicht, aber blättert man in den „Illustrierten" vor 20, 10, ja 5 Jahren und betrachtet allein die Umwälzungen, die in manchen einst gutbesuchten Orten nur durch die Autobahnen hervorgerufen wurden. Dann sehen wir deutlich, daß manches, was vor kurzem noch als Utopie verlacht wurde, heute längst selbstverständliche Wirklichkeit geworden ist.

Einfahrt zu einem amerikanischen Wohnwagen=Parkplatz *(Aus Trailer Travel Magazine)*

Ein amerikanischer Vorschlag zur Ausgestaltung von Wohnwagen-Parkplätzen

(Aus Trailer Travel Magazine)

Ein weiterer amerikanischer Vorschlag: (Aus Caravan World)

1. Erfrischungsraum. 2. Lebensmittel-Verkaufshaus. 3. Feuerplatz. 4. Männeraborte. 5. Abfall-Verbrennofen. 6. Frauenaborte. 7. Kinderspielplatz. 8. Wagen-Waschplatz. 9. Tankstelle und Aufsicht. 10. Schwimmbassin. 11. Tennisplätze.

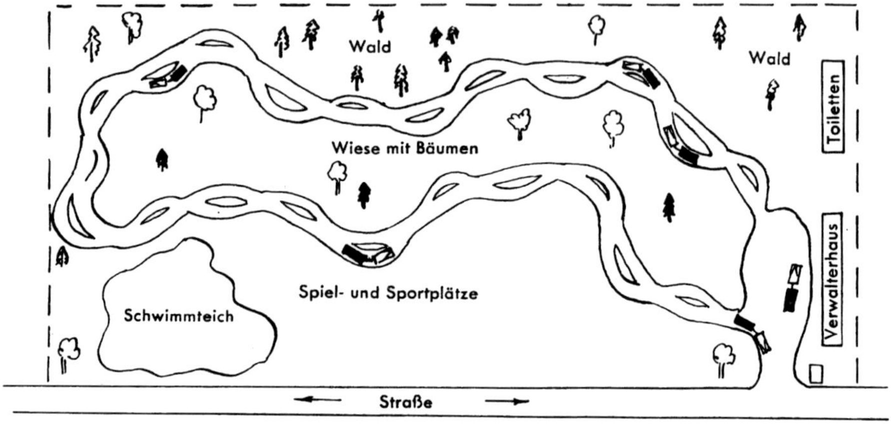

Noch eine amerikanische Lösung: *(Aus Trailer Travel Magazine)*
Ein Fahrweg (Einbahnrichtung) mit abzweigenden Einzelstandplätzen für die Wohnwagen-Züge. Vom Fahrweg durch Buschpflanzung gegen Sicht gedeckt. Dieser Vorschlag ließe sich bei unseren Autobahn-Rastplätzen ebenfalls ohne besonders hohe Kosten verwirklichen

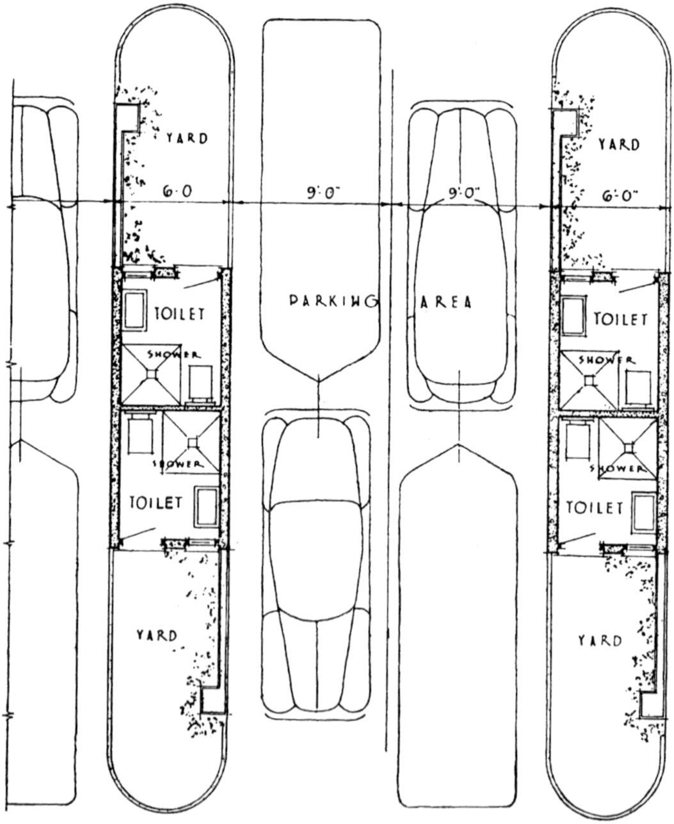

Ein besonders platzsparender Parkplatz-Vorschlag, der jedem parkenden Wohnwagenzug einen kleinen Gartenplatz mit Toilette und Wohnlaube zur Verfügung stellt

(Aus Caravan World)

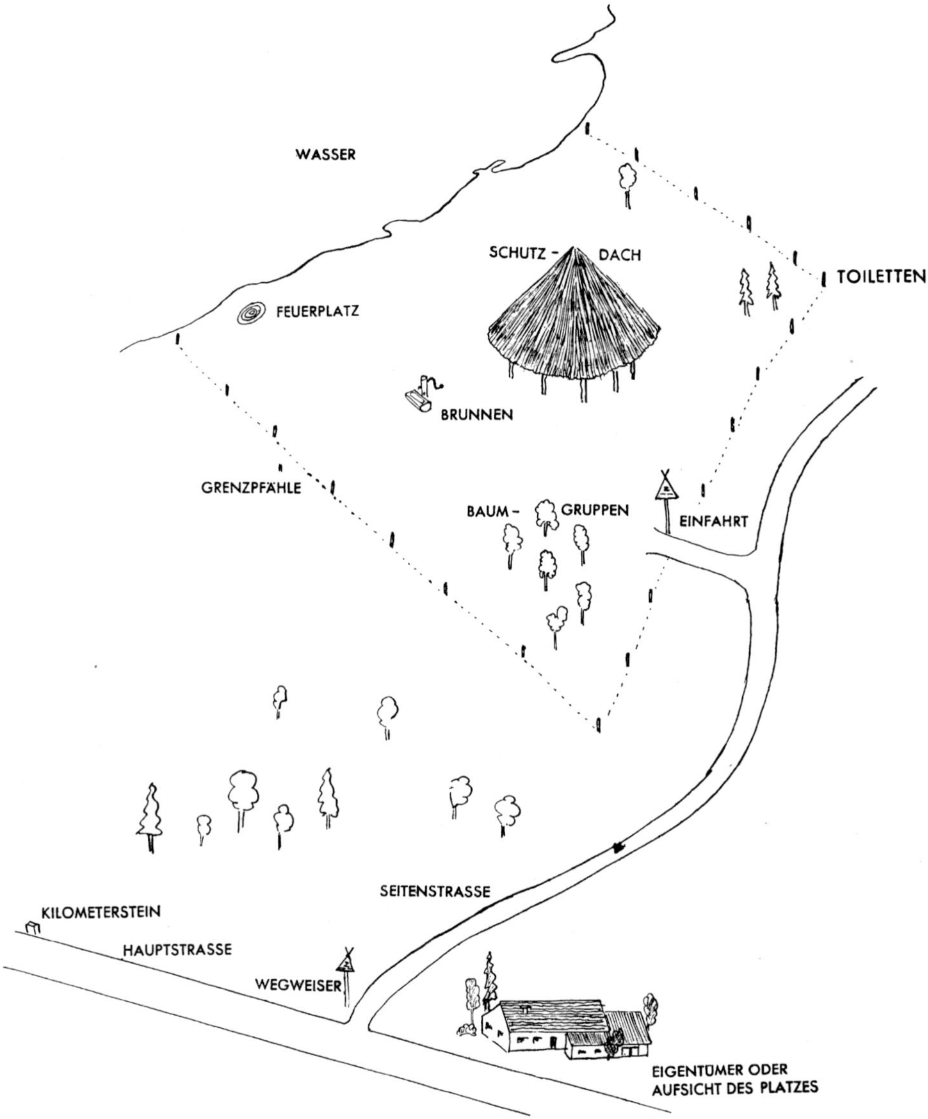

Vorschlag des Verfassers für die Gestaltung von Autozelt- und Wohnwagen-Parkplätzen in Deutschland

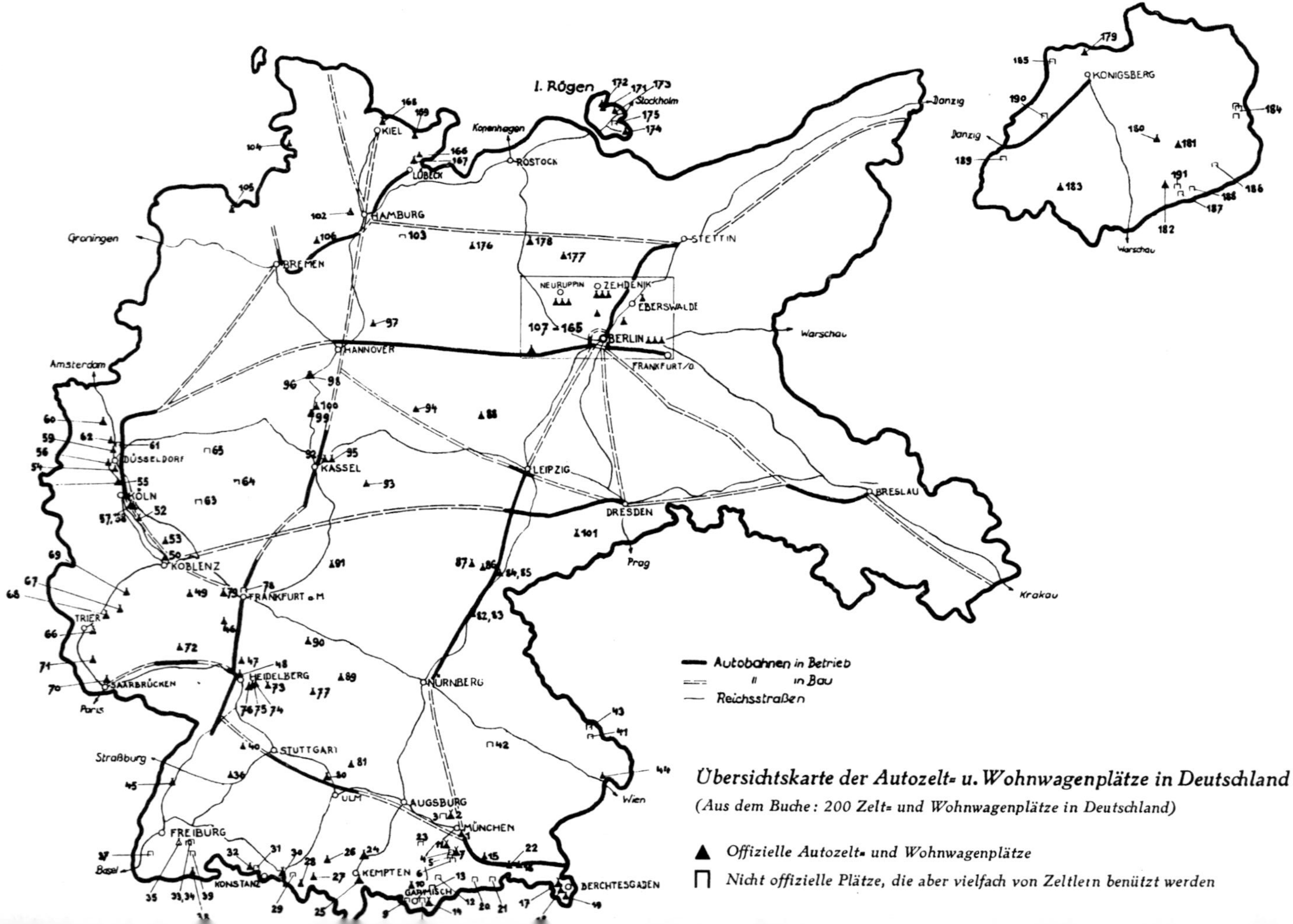

Übersichtskarte der Autozelt- u. Wohnwagenplätze in Deutschland

(Aus dem Buche: 200 Zelt- und Wohnwagenplätze in Deutschland)

▲ *Offizielle Autozelt- und Wohnwagenplätze*

⊓ *Nicht offizielle Plätze, die aber vielfach von Zeltlern benützt werden*

Autoparkplatz mit Zeltplatz Timmendorfer Strand (Ostsee) für Wohnanhänger ungeeignet, da der Zugwagen nicht beim Zelt bzw. Wohnwagen bleiben kann, was wegen verschiedener Umstände z. B. Lichtstrombezug aus der Wagenbatterie usw. unbedingt notwendig ist.

Wohnwagen- und Autozeltplatz in Hinterzarten (Schwarzwald)

Autozelt- und Wohnwagen-Schrifttum

Deutschland

Als Autozigeuner in den Bergen, von Theo Rockenfeller (Bergverlag Rudolf Rother, München 19), Preis RM 1.80.

Fahrten und Abenteuer im Wohnwagen, von Heinrich Hauser (Carl Reißner Verlag, Dresden). Preis RM 5.80.

200 Autozelt- und Wohnwagenplätze in Deutschland. 48 Seiten, Taschenformat, mit Angaben über Auslands-Platz-Literatur. 2. Auflage. 30 Pfennig und 8 Pfennig Porto. (Hans Berger, Rotschwaige-Dachau, Oberbayern.)

Deutsches Fluß- und Zelt-Wanderbuch, Ausgabe 1938, enthält etwa 1000 Zeltplätze des Fachamtes Kanusport und Lagerwesen des DRL., darunter auch verschiedene für Autos geeignete.

„**Motorwelt.**" Die illustrierte Zeitschrift des DDAC. (Verlag: Motorwelt Wirtschafts- und Verlagsgesellschaft mbH., München 27), Hefte 3, 6, 8, 9, 11, 13, 15, 18, 20; 23/1937, enthaltend Kartenskizzen verschiedener Auto-Zeltplätze, weitere Hefte sollen 1938 folgen.

DDAC.-Zeltplatz-Nachweis für Kraftfahrer, Deutschland ohne Land Österreich, gesammelt vom DDAC., Touristische Abteilung, München, Königinstraße 11 a.

Jachten der Landstraße, von Hans Berger (Bergverlag Rudolf Rother, München 19) liegt vor uns.

Dänemark

21 offizielle Automobil-Zeltplätze und eine Übersichtskarte dazu enthält das Büchlein „**Forenede Danske Motorejeres Aarshaefte 1937**", herausgegeben vom Forenede Danske Motorrejeres, Kopenhagen, Vestre Boulevard 4.

England

„**The Caravan and Trailer.**" Die erste Caravanzeitschrift der Welt. 1938 im 6. Jahrgang erscheinend.

„**Caravan World.**" Die zweite englische Zeitschrift dieser Art. Erscheint 1938 im 2. Jahrg.

„**Camping.**" Die amtliche Zeitschrift des Camping Club of Great Britain und Irland. 1938 im 34. Jahrgang.

„**Year Book with List of Camp Sites**" des Camping Club of Great Britain und Irland. 1500 englische Zeltplätze genau verzeichnet und teils mit Skizzen versehen. Das Buch wird nur an Mitglieder gegeben.

„**Camping Holidays.**" Ein 130seitiges Buch, herausgegeben von der London and Nord Eastern Railway (L.N.E.R.) Eisenbahngesellschaft, enthaltend die Mietbedingungen von Eisenbahnwaggons, die als 6bettige Wochenend- und Urlaubswagen eingerichtet, vermietet und an die kursmäßigen Züge angehängt werden. Der Waggon wird auf ein totes Geleis abgestellt und zu einem gewünschten Zeitpunkt wieder abgeholt. Also die Eisenbahn in Konkurrenz mit dem Auto-Wohnwagen! Das Buch enthält auch Verzeichnisse aller Zeltplätze, Jugendherbergen und eine Übersichtskarte dieser Plätze.

Frankreich

1200 Camping Plätze hatte 1937 der „Touring=Club de France" in seinem Verzeichnis vermerkt. (T.C.F., 65 Av. de la Grande=Armée Paris 16e). Diese 1200 Plätze sind in den zwei Michelin=Karten von Frankreich (Nr. 198 nördliche Hälfte, Nr. 199 süd=liche Hälfte) sehr genau vermerkt und die bei jedem Zeltplatz angegebene Nummer stimmt mit dem Verzeichnis des TCF. überein. Die beiden Michelin=Camping=Karten Nr. 198 und 199 sind erhältlich vom Services de Tourisme Michelin, 90, Bd. Pereire=Paris. (Maßstab 1:100000.)

300 Terrains de Camping, ein Sammelband von 300 Zeltplätzen mit genauen Lageskizzen ist erhältlich durch „La Revue Camping", Paris 9, Rue Richepanse, zum Preis von 25.— Fr.

Holland

„De Kampeerwagensport" in holländischer Sprache geschriebenes Wohnwagenbuch mit vielen Bildern, 124 Seiten, von F. Hausbrand (Verlag Kosmos, Amsterdam), enthält auch 7 holländische Wohnwagenplätze.

Italien

Rund 1000 Zeltplätze an 500 Orten enthält das Buch **„Elenco die Località Adatte al Campeggio"**, 11. Ausgabe (1937), herausgegeben vom Touring Club Italiano, Milano, Corso Italia 10. Ein stattliches Werk von 150 Seiten, doch ist zu seiner Benützung die Straßenkarte 1:250000 des Touring Clubs Italiano nötig.

Norwegen

114 Automobil=Zeltplätze mit drei Lageplan=Skizzen aller Plätze und genauen Be=schreibungen enthält das Heftchen **„N.A.F.s leirplasser"**, Ausgabe Februar 1937. Jeder Zeltplatz ist durch Wegweiser und Platzschilder genau gekennzeichnet. Das Werk ist herausgegeben vom N.A.F. Norges Automobil Forbund, Oslo, enthält auch die Zelt=platzordnung.

Schweiz

Der „Automobile=Club de Suisse, rue, de Mont=Blanc 16, Genf" hat ein Kartenverzeich=nis von 20 schweizerischen Automobil=Zeltplätzen vervielfältigt, das er auch aus=ländischen Auto=Zeltlern gegen Spesenersatz zur Verfügung stellt. Eine Übersichts=karte über die Lage dieser Plätze ist auch enthalten in dem Buch Theo Rockenfellers „Als Autozigeuner in den Bergen" 4. Auflage (1937), Bergverlag Rudolf Rother, München 19. Preis RM 1.80.

Vereinigte Staaten

„Automobile and Trailer Travel Magazine." Die erste amerikanische Wohnwagen=Zeit=schrift, 1938 im 3. Jahrgang erscheinend.

Vereinigte Staaten, Canada und Mexiko. „Das Directory of Trailer Parks und Camps" (1937) enthält rund 1650 Campplätze mit allen näheren Angaben, Eintrittspreisen usw.

Weltorganisation aller Camping=Verbände

International Federation of Camping Clubs (President J. A. C. Champion) 38, Gros=venor Gardens, London, SW 1, England.

Deutsche Zelt=Organisation:

Deutscher Reichsbund für Leibesübungen (DRL.), Fachamt Kanusport und Lagerwesen. (Obmann Paul Walther, Stuttgart 13, Heubergstraße 43.)

Schlußbetrachtung

Wir sind zum Schluß dieses Buches gekommen, lieber Leser. Ich glaube, dir einen Überblick über das ganze Gebiet des Wohnwagens und alles was noch so dazugehört, gegeben zu haben. Vieles ist bei uns eben im Werden, manches wird morgen bereits überholt oder nicht mehr zu überblicken sein. Gerade das aber war mir Veranlassung, dieses Buch zu schreiben. Es soll den Anfang dieser für Deutschland neuen Bewegung festhalten.

Alle, die heute mit dem Wohnwagen reisen, sind Pioniere dieser neuen Art des Reisens, haben manche Unbequemlichkeit auf sich zu nehmen, sind auch mal Spottobjekt für die ewig Gestrigen, aber das ist nun einmal das Los aller Vorkämpfer für neue Ideen. Ich finde aber, daß gerade dieses Pfadsuchen und Pfadfinden das Schönste ist, was einem Menschen zuteil werden kann und das Leben überhaupt erst richtig lebenswert macht.

Das Gröbste an Vorarbeit ist getan, erprobte Fahrzeuge stehen in vielfältiger Auswahl bereit, Parkplätze sind geschaffen, jetzt kommt die feinere Arbeit an die Reihe, jetzt müssen die Ecken und Kanten geschliffen werden, die Plätze vermehrt und ausgebaut werden — oh, es ist noch eine ganze Menge Arbeit zu tun. Du selbst hast jetzt weiter nichts zu tun, als Kapitän einer Jacht der Landstraße zu werden, denn mit dem Wachsen der Zahl stellt sich die Industrie und der Fremdenverkehr immer mehr und mehr auf die Bedürfnisse dieses Zweiges deutschen Wanderns ein.

Also komm mit, werde unser Kamerad und steuere dein Wohnwagen-Gespann umsichtig durch die Lande und du wirst Heimat und Fremde von einem ganz neuen und andersgearteten Gesichtspunkt aus kennen und lieben lernen.

Der Verfasser

Berger-Wohnanhänger

Hohe Wohnkultur

Zweckmäßige, sportliche, einwandfreie und langerprobte Innenausstattung, bewährte Koch-, Wohn- und Betteneinrichtung, bequeme Fenster, gute Lüftung — ein Heim, in dem man sich wohlfühlt!

Stromform

unter besonderer Wahrung der Wohnerfordernisse, also genügende Steh- und Sitzhöhen, sowie Bettlängen usw. im Wageninneren. Glatte Außenflächen ohne Hindernisse für den Luftstrom. Leichte Reinigung.

Leichtbau

durch Ausschaltung der Gerippebauart zu Gunsten der völlig selbsttragenden, feuchtigkeitsunempfindlichen Hartplatten-Bauweise nach eigenen Patenten. Leichtes Gewicht braucht geringen Kraftaufwand.

Meistverbreitet in Deutschland

Die Berger-Wohnwagen sind die ersten und einzigen, die in laufender Serienerzeugung in Deutschland hergestellt werden, daher größte Genauigkeit und Gleichmäßigkeit, bei günstigem Anschaffungspreis.

Berger Werk

Rothschwaige-Dachau

O B E R B A Y E R N

Verkaufsstellen: München, Nürnberg, Stuttgart, Köln, Neuß, Essen, Hamburg, Leipzig, Dresden, Wien.

LONDON=PARIS=BUKAREST

Benzin-Gasherd

„Juwel 208"

mit Benzin=Gas=Vorwärmung, selbsttätiger Düsenreinigung und Sicherheitsventil.

SCHUTZ-MARKE

Der praktische Kochherd für Ihren

Wohnwagen

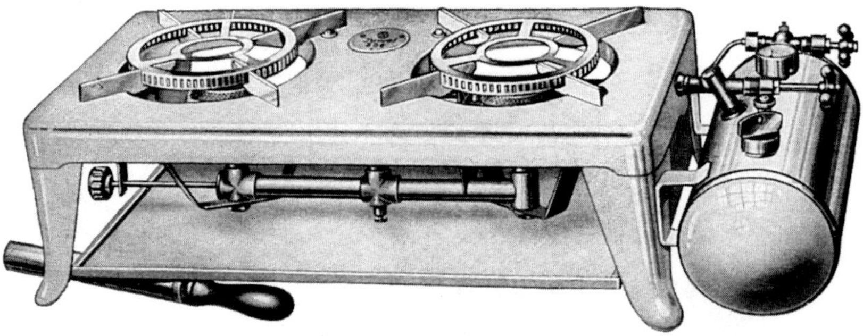

Behördlich geprüft und zugelassen

Ein Streichholz genügt zum Anzünden
Fabelhaft schnelles, billiges und sauberes Kochen.

Kocht ein Liter Wasser in etwa 3—4 Min.
Einfache Handhabung, vollkommen ungefährlich.

Bezugsquellen weist nach der Hersteller:

Gustav Barthel, Dresden A 21/329

Auflage: 2200. — Für die Anzeigen verantwortlich: E. Müller, München.

Ohne Vergangenheit keine Zukunft!

Wäre es nicht ein Verlust für künftige Generationen, wenn die Urlaubsgewohnheiten unserer Eltern und Großeltern nur noch in wenigen Museen ohne Bezug zur Realität gezeigt würden?

War doch die Campingtechnik der letzen 70 Jahre schon vielfältiger und auf einem höheren technischen Stand, als sich das viele heute vorstellen können. Nur konnten es sich die meisten Menschen damals nicht leisten, hatten aber trotzdem – oder gerade deswegen – so viel Freude an der Urlaubsform „Camping". Vieles, was sich die Wegbereiter des Campings erdacht hatten, ist heute in verbesserter Ausführung selbstverständlich geworden.

Camping aus dem vorigen Jahrhundert ist wahrlich eine ganz besondere Variante der Freizeitgestaltung. Eben eine ganz spezielle Oldtimer-Campingliebe.

Genau damit beschäftigt sich der Camping-Oldie Club e.V., Deutschlands einzige Interessengemeinschaft zur Erhaltung alter Zelte, Zeltanhänger, Klappcaravans, Wohnanhänger, Reisemobile und der Pflege alten Campingbrauchtums.

Einzutauchen in die Anfänge dieser heute stark expandierenden Urlaubsform, ist ein spannendes und attraktives Erlebnis.

Wer diesem anderen Campingbewusstsein frönen möchte, sollte sich dem COC e.V. anschließen.

Er wird in eine Welt eintauchen, die mit Gesprächen über Reiseziele und Reiseerfahrungen, mit generationsübergreifendem Gedankenaustausch, mit Kinderlachen und selbstgebackenem Kuchen, mit gemeinsamem Frühstück und handgemachter Musik am abendlichen Lagerfeuer zu tun hat.

Herzliche Grüße,
Reinhard Falk
Vorsitzender des COC e.V.
www.cocev.de

Zu Gast bei Gretel Holbe-Berger

(Statt eines Nachwortes des Herausgebers)

Der Kaffeetisch war schon gedeckt, als wir kamen an diesem unfreundlichen, regnerischen Februartag. Es taute. Und Frau Holbe-Berger konnte einer ihrer winterlichen, sportlichen Betätigungen, dem Eisstockschießen, nicht nachgehen. Hinter ihrem Haus auf einem kleinen künstlichen See pflegt sie, mit Freunden diese bayerische Sportart auszuüben. Mit Hingabe. Auch der Pflege ihres Naturgartens und der Erhaltung dieses Weihers mit seinen zwei kleinen Inseln als Biotop und Lebensraum für Enten, Teichhühner, Frösche, Kröten, Fische und Libellen gibt sie sich mit Liebe hin. Wie sie überhaupt vieles in ihrem Leben mit Hingabe tat und immer noch tut.

Den kleinen See, der jetzt noch zugefroren war, hatte man vor vielen Jahrzehnten angelegt, um hier Faltboote zu testen. Frau Holbe-Berger ist nämlich die Tochter von Hans Berger, einem der großen Freizeitpioniere, zu denen im Campingbereich so illustre Namen wie Arist Dethleffs, Heinrich Hauser, Wolf Hirth oder Hans und Lisa Seitz zählen.

Hans Berger war der Erste, der in Deutschland mit der serienmäßigen Wohnwagenproduktion begann. Er wurde am 17. Mai 1897 geboren, war immer ein guter Schüler, absolvierte eine Banklehre beim renommierten Münchner Bankhaus Merck & Finck und hat nach eigenen Aussagen schon als Elfjähriger aus Mutters altem Betttuch ein Zelt gebaut. In seiner Jugend hatte er – wie viele seines Alters – ein Faible für den Modellflugzeugbau und sich dementsprechend früh schon mit der Leichtbauweise befasst. 1914 baute er seinen ersten „Hadernkahn“ – wie man damals das Faltboot nannte. Es kam der Erste Weltkrieg, und er wurde eingezogen. Er versah seinen Dienst in Elsaß-Lothringen bei den Pionieren in einer Fernmeldekompanie. Nach dem Krieg wurde er Werbeleiter in einer Firma für elektrotechnische Artikel.

Gemeinsam mit ein paar Freunden gründete er die Bayerische Faltbootwerft (BaFaWe). Das war etwa 1920/21, also mitten in Zeiten der großen Geldinflation. 1924 kam es unter den einstigen Freunden zum Eklat. Man trennte sich, gründete zum Teil eigene Firmen. Hans Berger gründete mit 100 Mark Eigenkapital samt seiner Frau die Firma „Sport-Berger“. Boote, Zelte, für den Winter Skier, Wanderzubehör und Bekleidung umfasste das Programm.

Immer wieder machte Hans Berger von sich reden, indem er Expeditionen ausstattete und in seinen Katalogen die Erfahrungen der Abenteurer als Referenzen und Erlebnisberichte anführte. Er rüstete mit Zelten und Booten eine Grönlandexpedition aus, und auch der erst kürzlich verstorbene Eiger-Nordwand-Erstbesteiger Andreas Heckmair gehörte zu seinen Kunden.

1931 erwarb er in Karlsfeld-Rothschwaige bei München ein Firmengelände. Das Gelände, an dem noch heute seine Tochter wohnt und auf dessen Faltboottestsee sie ihre Eisstöcke winters schiebt.

Die zunehmende Motorisierung eröffnete den Menschen neue Bewegungsräume und neue Freizeitmöglichkeiten. Das sah Hans Berger als einer der Ersten und konstruierte Zeltanhänger: „Eins, zwei, drei – Deckel auf – Haus dabei!“ 1937 kam dann der Faltbootbau durch die Kriegsvorbereitungen zum Erliegen – das notwendige Messing war nicht mehr verfügbar. So verlegte sich Hans Berger mehr auf die Wohnwagen. Rasch entwickelte er nach einigen Versuchen einen starren Wohnanhänger und ging mit diesem in die Serienfertigung. 1938 verließ ein Wohnwagen an jedem Arbeitstag sein Werk. Fast alle waren sie schon weit vorbestellt. Und die Kundschaft war betucht. So benutzte etwa auch der bekannte Rennfahrer Hans Stuck sen. einen Berger-Wohnwagen.

Auch Familie Berger selber fuhr eifrig mit ihren Fahrzeugen auf Campingreisen. An den Gardasee, in die Schweiz und selbstverständlich in die bayerische Umgebung. Die Erfahrungen hieraus kamen dem Betrieb zugute, und die Fotos der Reisen und Ausflüge verwertete der Firmenchef gern in seinen Katalogen. Auch rüstete er seinen Freund, Motorjournalist und Berliner Vertreter Theodor Rockenfeller mit einer seiner „Karawanen“ aus, als dieser zu einer Testfahrt in die Libysche Wüste aufbrach.

Hierüber berichtete dieser ausgiebig in Motorjournalen und Lichtbildervorträgen und trug den Wohnwagengedanken durch das Reich.

Zu Beginn des Zweiten Weltkrieges baute das Berger-Werk noch Anhänger für Offiziere der Wehrmacht und danach etwa 2.000 Niederdruckgasanhänger für die Öffentlichen Verkehrsbetriebe der Städte, die hinter die wegen der Benzinknappheit auf Gasbetrieb umgerüsteten Busse gespannt wurden. Mit solcher Produktion wie auch mit Einzelanfertigungen, etwa Segelflugzeuganhängern, Sanitäts- und Transportanhängern überlebte das Berger-Werk die Zeit bis nach dem Krieg.

Zur Zeit der wirtschaftlichen Erholung Deutschlands nahm in den 50er und 60er Jahren die Nachfrage nach Zelten und Wohnwagen enorm zu. Doch auch Mitbewerber schossen wie die Pilze aus dem Boden. Mittlerweile verließen nur mehr etwa 80 Wohnwagen pro Jahr die Werkshallen, waren aber alle vorbestellt und aufwändig produziert. Der betriebswirtschaftliche Aufwand stieg enorm, der Kostendruck war erheblich und nahe liegende Unternehmen wie MAN zogen mit höheren Löhnen immer wieder Fachkräfte weg. So entschloss sich Hans Berger um 1966, keine eigenen Wohnwagen mehr zu bauen. Man nahm Fahrzeuge der Firma Knaus ins Programm, da ihm insbesondere das kleine Schwalbennest zusagte.

Schon 1958 war Hans Bergers Ehefrau Therese gestorben und seine Tochter unterstützte ihn im Betrieb. Sie war das einzige Kind der Ehe und hatte Betriebswirtschaft studiert. Als ihr Vater dann 1966 unerwartet an einem Herzinfarkt verstarb, erbte sie das Unternehmen und trug die Verantwortung für die über 40 Mitarbeiter. Sie führte den Betrieb im Sinne ihres Vaters weiter, wandelte ihn aber zeitgemäß von einem produktions- zu einem stärker handelsorientierten Unternehmen um. Die jährlich erscheinenden Versandkataloge zeigten Ausrüstung für Camping, Caravaning, Trekking, Expeditionen und Reisemobilausbau in großer Auswahl. Ihr Mann, Hans Holbe, war als Ingenieur 1967 in das Unternehmen eingetreten; mit ihm hat sie drei Söhne, von denen einer als Architekt in London, ein anderer bei einem Automobilbauer in München und der Dritte heute bei Fritz Berger arbeitet.

Hans und Fritz Berger – viele meinen, es seien Brüder oder zumindest Verwandte. Weit gefehlt. Das eine Unternehmen in München, das andere in Neumarkt in der Oberpfalz. Beide in Konkurrenz zueinander. Und dennoch ging die Firma Sport-Berger letztlich in Fritz Berger auf: Nach den schwierigen 90er Jahren sahen sich Gretel Holbe-Berger und ihr Mann gezwungen, den Betrieb aufzugeben und zu verkaufen. Im Frühjahr 1996 fanden sie mit dem Jack Wolfskin-Gründer Ulrich Dausien einen geeigneten Käufer, doch dieser veräußerte das Unternehmen kaum ein Jahr später an Fritz Berger. Und Fritz Berger gehört heute zum KarstadtQuelle-Konzern.

Der Kuchen und der Kaffee bei Frau Holbe-Berger waren hervorragend, die Stunden waren vergangen wie im Flug.Sie erzählt lebendig und voller Mitteilungsfreude von dem gemeinsamen Urlaub der Bergers mit Heinrich Hauser und seiner Familie am Bernina-Pass, von den sonntäglichen Besuchen des Verlegers Rother im Hause Berger, zeigt Fotos und alte Kataloge, zeigt ein Buch ihres Vaters mit Korrekturen und Änderungen: Er wollte wohl seine „Jachten der Landstraße“ 1942 noch einmal herausbringen.

Und bei einem Glas Rotwein lassen wir den Nachmittag, der mittlerweile schon in den Abend übergeht, ausklingen und verlassen das über 100 Jahre alte Haus der Bergers in dem Bewusstsein, an einer historischen Stätte gewesen zu sein, mit einer Zeitzeugin geredet zu haben, die uns durch ihr Charisma, ihre Zuversicht und ihre Lebensfreude beeindruckte.

Und der immer noch herabprasselnde Regen kann uns auf der Rückfahrt nichts mehr anhaben. Das Radio meldet, es sollte kälter werden. Und wir freuen uns, dass Frau Holbe-Berger dann wieder dem Eisstockschießen nachgehen kann.

Fritz B. Busch ist schon zu Lebzeiten Legende. Der Grandseigneur unter den Motorjournalisten verzaubert seit fast 50 Jahren die Leser großer Zeitschriften mit seinem unverwechselbaren Stil. Dieses Buch schrieb er im Jahr 1961 für Einsteiger ins Hobby Caravaning. Jetzt ist die „Kleine Wohnwagenfibel“ wieder da – mit den historischen Anzeigen und mit verschmitztem Humor.

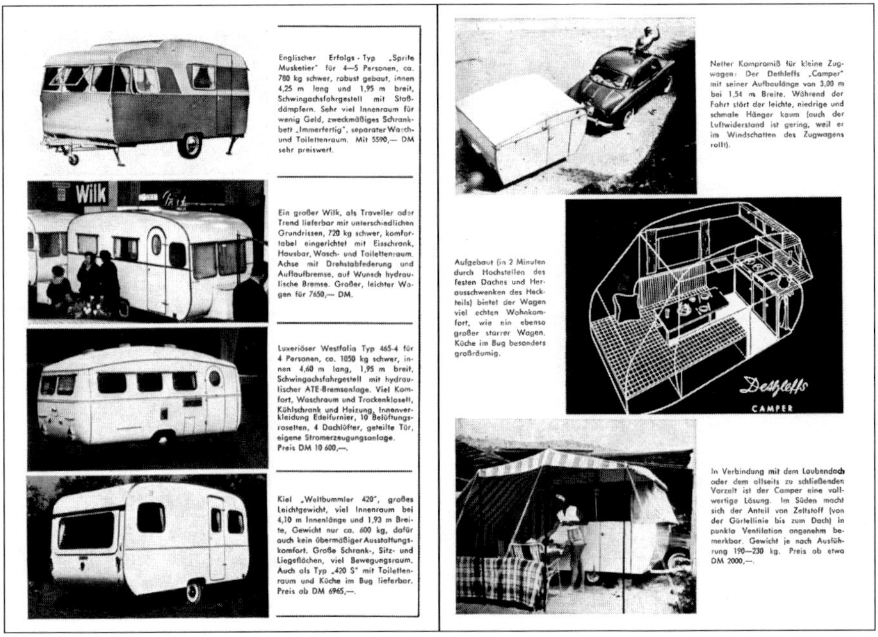

Englischer Erfolgs-Typ „Sprite Musketier“ für 4—5 Personen, ca. 780 kg schwer, robust gebaut, innen 4,25 m lang und 1,95 m breit, Schwingachsfahrgestell mit Stoßdämpfern. Sehr viel Innenraum für wenig Geld, zweckmäßiges Schrankbett „Immerfertig“, separater Wasch- und Toilettenraum. Mit 5590,— DM sehr preiswert.

Ein großer Wilk, als Traveller oder Trend lieferbar mit unterschiedlichen Grundrissen, 720 kg schwer, komfortabel eingerichtet mit Eisschrank, Hausbar, Wasch- und Toilettenraum. Achse mit Drehstabfederung und Auflaufbremse, auf Wunsch hydraulische Bremse. Großer, leichter Wagen für 7650,— DM.

Luxeriöser Westfalia Typ 465-4 für 4 Personen, ca. 1050 kg schwer, innen 4,60 m lang, 1,95 m breit, Schwingachsfahrgestell mit hydraulischer ATE-Bremsanlage. Viel Komfort, Waschraum und Trockenklosett, Kühlschrank und Heizung, Innenverkleidung Edelfurnier, 10 Belüftungsrosetten, 4 Dachlüfter, geteilte Tür, eigene Stromerzeugungsanlage. Preis DM 10 600,—.

Kiel „Weltbummler 420“, großes Leichtgewicht, viel Innenraum bei 4,10 m Innenlänge und 1,93 m Breite, Gewicht nur ca. 600 kg, dafür auch kein übermäßiger Ausstattungskomfort. Große Schrank-, Sitz- und Liegeflächen, viel Bewegungsraum. Auch als Typ „420 S“ mit Toilettenraum und Küche im Bug lieferbar. Preis ab DM 6965,—.

Netter Kompromiß für kleine Zugwagen: Der Dethleffs „Camper“ mit seiner Aufbaulänge von 3,00 m bei 1,54 m Breite. Während der Fahrt stört der leichte, niedrige und schmale Hänger kaum (auch der Luftwiderstand ist gering, weil er im Windschatten des Zugwagens rollt).

Aufgebaut (in 2 Minuten durch Hochstellen des festen Daches und Herausschwenken des Heckteils) bietet der Wagen viel echten Wohnkomfort, wie ein ebenso großer starrer Wagen. Küche im Bug besonders großräumig.

Dethleffs
CAMPER

In Verbindung mit dem Laubendach oder dem allseits zu schließenden Vorzelt ist der Camper eine vollwertige Lösung. Im Süden macht sich der Anteil von Zeltstoff (von der Gürtellinie bis zum Dach) in punkto Ventilation angenehm bemerkbar. Gewicht je nach Ausführung 190—230 kg. Preis ab etwa DM 2000,—.

Genießen Sie einen Blick zurück in die Zeiten, als Familienautos wie der DKW nur 350 Kilogramm leichte Wohnwagen ziehen durften. Und als der große Schreibersmann die Freiheit im Caravan brillant und stets mit fröhlicher Ironie schilderte – schon damals also mit dem Busch-Touch, der heute ein Markenzeichen ist.

DoldeMedien
VERLAG GMBH

Es waren die ersten Pioniere des Campings in Deutschland: die Faltbootfahrer, die in der Nähe der Flüsse Zelte aufschlugen; und es waren die ersten Wohnwagenfahrer, die Neuland betraten und sich eigene Fahrzeuge bauten. Zu diesen reiselustigen Menschen zählte auch Heinrich Hauser, der als einer der Ersten Deutschland in einem Wohnwagen bereiste und dieses in einem faszinierenden Buch beschreibt.

Beim Lesen werden erfahrene Camper und Wohnmobilfahrer erkennen: „Vieles hat sich nicht geändert!". Wäre es nicht schade und ein wesentlicher kultureller Verlust, wenn die Urlaubs- und Feriengewohnheiten des letzten Jahrhunderts verloren gehen würden? - Damals, in diesen bewegten Zeiten, vor und nach einem barbarischen Krieg.

Immer mehr Menschen begannen sich mit einem Zelt oder Wohnwagen auf zwei oder vier Rädern auf die Reise zu begeben, um fremde Länder und Menschen kennen zu lernen. Es waren freundliche, aufgeschlossen Menschen mit einer besonderen Einstellung zum unkomplizierten Reisen, welche die neue Freiheit der damaligen Campingtechnik nutzten.

DoldeMedien
VERLAG GMBH